ÉCOLE
DU TIRAILLEUR,

OU

MANIEMENT DE LA BAÏONNETTE

appliqué aux

Exercices et Manœuvres de l'infanterie;

ORNÉE DE 22 GRAVURES EN TAILLE-DOUCE;

Par Jh PINETTE,

INSTRUCTEUR DES EXERCICES A LA BAÏONNETTE AU GYMNASE NORMAL
MILITAIRE, PROFESSEUR D'ESCRIME AU GYMNASE CIVIL
ET ORTHOSOMATIQUE, ET MEMBRE DE LA SOCIÉTÉ
ROYALE ET CHEVALIÈRE DE ST-MICHEL
DE LA VILLE DE GAND.

Ouvrage approuvé par le Ministre de la guerre.

Sans adopter l'opinion du barbare
Souwaroff: *La balle est folle, la baïonnette seule est sage*; je réclame pour cette
arme le titre que le général Montecuculli
accordait exclusivement à la lance : *La
baïonnette est la reine des armes blanches.*

PARIS,

IMPRIMERIE ET LIBRAIRIE
DE GAULTIER-LAGUIONIE,

Rue Dauphine, 56.

—

1837.

Tous les exemplaires qui ne seront pas revêtus de ma signature, sont réputés contrefaits.

Imprimerie de GAULTIER-LAGUIONIE et Cie,
rue Christine, n° 2.

INTRODUCTION.

Lorsque je publiai (en 1832) ma théorie d'escrime appliquée à la baïonnette au bout du fusil, on m'accusa d'en avoir puisé les principes dans un ouvrage de M. Muller.

Pour me disculper du plagiat qu'on m'impute, il me suffira de signaler les imperfections de la méthode de cet auteur, imperfections qu'il n'a pas corrigées dans sa seconde édition (1835), augmentée d'ailleurs de quelques positions empruntées à mon ouvrage.

C'est de cette seconde édition, que nous allons nous occuper, et la réfutation des principes qu'elle renferme servira d'introduction à notre théorie.

Dans l'ouvrage de M. Muller, la première leçon a pour objet d'instruire le soldat à l'école dite du bâton.

Je suis loin de penser que cette école puisse donner le moindre avantage à celui qui doit se servir de la baïonnette.

En effet, le maniement du bâton l'exercera à porter des coups de taille et quelques coups d'estoc, qui ont lieu d'une manière toute spéciale à cette arme, sans pouvoir s'appliquer au maniement de la baïonnette. Il prendra, en outre, dans cet exercice l'habitude des mouvements larges, toujours nuisibles et

essentiellement opposés à ceux de la
baïonnette qui doivent être concentrés,
vifs et pressants.

Dans la deuxième leçon, il est question
des engagements, des parades, des coups
et de quelques applications. Examinons
d'abord ce qu'il dit sur la manière de se
mettre en garde.

« – Croiser la baïonnette, un temps
« et deux mouvements. »

« Art. 2 (fig. 2). 1º Comme le pre-
« mier mouvement du premier temps de
« la charge, empoigner l'arme à deux
« pouces au-dessous du chien. »

« 2º Abattre l'arme avec la main
« droite, dans la main gauche, qui la
« saisira un peu en avant de la première
« capucine, le canon en dessus, le coude
« gauche près du corps, la main droite
« appuyée sur la hanche droite, la pointe
« de la baïonnette à hauteur de l'œil. Les
« hommes du second et du troisième
« rang, auront l'attention que la pointe
« de leur baïonnette ne touche pas
« l'homme qui est devant eux. »

Cette leçon est copiée de l'école du soldat, réglement du 1er août 1791, nos 135
et 136. Ce sont les deux premiers mouvements de croiser la baïonnette. M. Muller, pour tout changement, s'est borné
à indiquer par la figure, un plus grand
espace entre les talons; il a oublié de dire
à quel mouvement le pied doit se porter

en avant ou en arrière, et à quelle distance il doit se placer pour la garde.

« — Engagement des baïonnettes en
« tierce. »

« 1. Garde à vous. — 2. A la baïonnette
« en tierce, parez. »

« Un temps et deux mouvements. »

« Art. 3 (fig. 3). 1º Le haut du corps
« bien posé sur les hanches, sans rai-
« deur, la tête élevée; l'élève engage la
« baïonnette par un appel du pied gau-
« che, et en tierce.

« 2º Au commandement, parez! Il
« jettera légèrement la baïonnette de
« l'adversaire à droite, sans quitter le
« fer et revenant à la position. »

Cette démonstration manque de clarté, parce que l'auteur n'indique pas la situation de l'arme adverse avant l'engagement.

— Écarter la baïonnette à gauche et riposter.

« 1. Garde à vous. 2. Ecartez la baïon-
« nette à gauche et ripostez. »

« Un temps et quatre mouvements. »

« Art. 10 (fig. 10). 1º Croiser la baïon-
« nette. 2º Parade en quarte.

« 3º Au commandement parez et ri-
« postez, sauter en avant et redresser
« l'arme dans une position perpendicu-
« laire; quitter la ligne et jeter l'arme de
« l'adversaire à gauche, riposter d'un

« coup de pointe, sauter en arrière et
« faire deux appels.

« 4° Porter l'arme. »

Ces trois exemples peuvent suffire pour
nous donner une idée de la deuxième leçon, dont toutes les démonstrations ré-
pondent à celle-ci; ainsi, l'on voit que
M. Muller n'y indique pas la quantité de
mouvements que l'on doit exécuter pour
se mettre en garde, pour engager la
baïonnette, pour sauter, pour porter et
parer les coups; il l'ignore peut-être, ou il
attache trop peu d'importance à cet objet.

Du reste, je me garderais bien, quant
à moi, d'engager un homme à *sauter
sur son adversaire en redressant l'arme;*
car, il est de principe en escrime, qu'on
ne doit jamais faire de tentative pour toucher son adversaire sans être prêt soi-
même à repousser ses attaques. Or, celui
qui saute sur son adversaire renonce né-
cessairement à cette mesure de prudence,
puisqu'il perd, pendant qu'il saute, la
faculté de parer.

J'ai dit que M. Muller avait augmenté
sa seconde édition de quelques positions
empruntées à mon ouvrage; avant de
les signaler, je crois essentiel de rappeler
ici une séance de mes exercices à la
baïonnette, à laquelle M. Muller a assisté,
et pendant laquelle il a pris ses notes.

Cette séance a eu lieu au Gymnase
Normal Militaire, le 13 avril 1835, en

présence de plusieurs généraux et d'un grand nombre d'officiers de la garnison.

Un jury avait été nommé à l'effet de constater les résultats de cette séance; ils sont consignés, comme je les rapporte, dans le procès-verbal qui m'a été délivré.

Le programme était ainsi composé :
1° Un fantassin exercé à la baïonnette devait lutter contre un fantassin non exercé, mais choisi parmi les hommes les plus habiles de son régiment. Dans cette lutte, celui qui touchait trois fois son adversaire était vainqueur; cet honneur resta au fantassin exercé.

2° Un fantassin exercé à la baïonnette devait lutter contre deux fantassins non exercés, ces deux militaires étaient aussi des hommes choisis, comme celui de l'assaut précédent. Le fantassin exercé devait porter deux coups, tandis que les deux fantassins non exercés n'en avaient qu'un à porter. Le fantassin exercé est sorti victorieux de ce double combat, en une minute trente secondes.

3° Deux fantassins exercés à la baïonnette ont lutté pendant onze minutes pour se disputer trois coups.

4° Un fantassin exercé devait lutter contre un cavalier armé d'un sabre. Le fantassin s'était imposé l'obligation de ne pas frapper le cheval; et néanmoins, il fut vainqueur après un combat qui dura trois minutes.

5° Un fantassin exercé devait lutter contre un lancier avec les mêmes conditions que dans l'assaut précédent. Le fantassin, au bout d'une minute trente secondes, a mis son adversaire hors de combat.

Pour terminer cette séance, je réun's seize de mes élèves, auxquels je fis exécuter quelques-uns des mouvements d'ensemble de ma troisième partie.

On conçoit bien que dans ces divers combats, et particulièrement dans le 2e, le 4e et le 5e assaut, mes élèves durent, pour être vainqueurs, user de tous les moyens que je leur avais enseignés, et que je fus obligé moi-même, pour la manœuvre du peloton de seize hommes, de faire connaître des détails assez étendus sur les principes de ma méthode.

Je dis actuellement que M. Muller a profité de cette séance pour arranger les trois articles que nous allons examiner.

APPLICATION.

« Art. 16. Un peloton de manœuvre de
« seize hommes, comptés de la droite
« vers la gauche, doit maintenant s'exer-
« cer avec des fusils en bois; à ces fins,
« on fera avancer les nombres pairs pour
« en former un second rang, et l'on
« commandera : 1° Garde à vous, nom-
« bres pairs, quatre pas en avant, mar-
« che; arrivés à cette distance, on com-
« mandera demi-tour à gauche. On

« recommandera aux hommes de con-
« server leur intervalle et leur aligne-
« ment, après les avoir placés les uns en
« face des autres. »

« 2' Garde à vous pour le combat in-
» dividuel? Croisez la baïonnette. »

« A ce commandement, abattre le fu-
« sil dans la main gauche, la crosse ap-
« puyée sur la hanche, le canon lon-
« geant la cuisse, le pied gauche porté
« en avant à un pied de distance, la
« baïonnette touchant presque à terre,
« rester au temps (fig. 22).

« En garde: à ce commandement, le fan-
« tassin portera le pied gauche à deux
« pieds plus loin, restera au temps.
« (fig. 13.) »

«—Art. 17.(fig. 24 et 37.) La première re-
« présente le fantassin avec une pomme
« au bout de la baïonnette, les rangs
« pairs et impairs, après avoir fait un quart
« à gauche ou à droite, présenteront al-
« ternativement cette pomme à leur ad-
« versaire; ils la tiendront tantôt à la hau-
« teur de la poitrine d'un fantassin, et
« ensuite à la hauteur de la ceinture d'un
« cavalier, afin qu'ils apprennent à lancer
« avec justesse et précision les coups de
« baïonnette indiqués par les fig. 12, 13, 14,
« 15, 16, et 17. »

« — Art. 18 (fig. 25, 26, 27, 28, 29,
« 30, 31, 32, 33, 34) représentent les pa-
« rades de tierce et de quarte en combat

« simulé. Les lignes pourront reculer et
« avancer individuellement. Le fantas-
« sin, pour échapper aux ripostes, pourra
« chasser en arrière et revenir en ligne
« au combat. (Fig. 35 et 36) représentent la
« parade des deux baïonnettes. Pour être
« vainqueur dans un pareil combat, il
« faut marcher en cercle et se tenir à dis-
« tance pour frapper d'abord un adver-
« saire avant de terrasser l'autre. »

Ces trois articles, dans lesquels on ne
trouve aucun précepte utile, ressemblent
beaucoup à des exercices de théâtre ; et,
cependant sur les vingt-deux figures au
moyen desquelles l'auteur prétend démontrer ses applications, dix-neuf ap-
partiennent aux principes de notre méthode, mais peu pénétré de l'art de l'escrime, il les a pitoyablement dénaturés.

La fig. 14 est notre garde contre la cavalerie ; sauf que la main gauche n'est
pas à sa place. La fig. 16 est notre *coup
lâché ;* et la figure 14 est notre garde contre l'infanterie, à cela près que le centre
de gravité est trop en arrière.

Il est inutile d'entrer dans le détail des
coups et des parades que M. Muller nous
a pris sans les comprendre, et qu'il a par
conséquent mal exécutés. Je ferai seulement remarquer, que cette disposition
sur deux rangs, les hommes se faisant
face pour s'exercer entre eux, est des
plus vicieuses qu'on puisse adopter, par

la raison que les instructeurs ne peuvent rectifier aucun mouvement, et que d'ailleurs les élèves, toujours disposés à se jeter imprudemment sur leurs adversaires, seraient souvent exposés à être blessés et même à être tués pendant le cours de la leçon. Les nombreux accidents qui ont eu lieu à Varsovie, à Berlin et à Dresde, ont fait renoncer à ce mode d'instruction.

L'inexpérience de M. Muller, sur les moyens d'attaque et de défense à la baïonnette, se fait encore mieux voir dans l'article qui suit :

— *Nota.* « La manière de croiser la « baïonnette, indiquée par l'ordonnance, « a été déterminée pour la colonne d'at- « taque et de résistance contre la cavale- « rie. Le bon sens indique que dans une « charge contre l'infanterie, la baïon- « nette doit être croisée horizontalement « et la pointe dirigée sur le nombril de « l'adversaire. Au moment du combat, « la baïonnette doit raser la terre, afin « de pouvoir relever l'arme du fantassin « (fig. 22, 23, 25, 33, 34). »

Ainsi M. Muller parle d'une troupe d'infanterie qui va marcher la baïonnette croisée pour aborder une autre troupe d'infanterie, sans s'inquiéter de savoir si cette manœuvre est toujours possible, et sans examiner dans quel cas elle peut être exécutée avec chances de succès.

Pour nous en rendre compte, supposons un instant un corps d'infanterie, dans l'ordre en bataille, attaqué de la sorte à la baïonnette.

N'est-il pas évident que la troupe menacée peut facilement éviter l'attaque en se portant en arrière et faisant en même temps manœuvrer sa droite et sa gauche sur les flancs des assaillants. Ce mouvement mettra ces derniers dans une fausse position, et les forcera à rétrograder. Qui sait alors si, maltraités par une grêle de balles, cette retraite ne deviendra pas pour eux une déroute complète?

Sans doute, on peut aborder l'ennemi à la baïonnette, quand il s'agit de forcer un passage ou de s'emparer d'un poste important; mais pour le faire, il faut être soutenu, s'approcher de fort près sans être aperçu de l'ennemi; parcourir l'intervalle la tête baissée, et dans le moins de temps possible, l'arme portée comme il est indiqué à notre marche en bataille, n° 165, et ne croiser la baïonnette qu'à l'instant où l'on est assez près pour frapper l'ennemi.

M. Muller ne dit pas tout cela.

uivant nous, que l'on soit sur la défensive ou que l'on prenne l'offensive, on doit toujours avoir la pointe de la baïonnette à la hauteur des yeux, sauf le cas où l'on se trouve isolé en face d'un fantassin. Dans cette circonstance, la baïonnette doit être croisée comme il est prescrit à notre garde contre l'infanterie. Cette garde, au surplus, ne peut être exécutée par une troupe dans l'ordre sur deux ou trois rangs, et fut elle-même exécutable, elle n'offrirait aucun avantage, par la raison qu'une troupe serrée coude à coude ne peut plus faire usage des parades.

Voici à présent la leçon de M. Muller pour aborder l'ennemi à la baïonnette.

« — Disposition d'attaque d'une ligne « d'infanterie.

« Art. 22 (fig. 49). 1° Le régiment « étant dans l'ordre ordinaire de bataille, « on commandera : Premier rang de « chaque compagnie de la droite vers la « gauche, comptez-vous par trois.

« 2° Le régiment exécutera le feu de « bataillon en avançant.

« 3° Après la formation de la ligne et « l'exécution du dernier feu à trente pas « de l'ennemi, les tambours battront la « charge, et tous les nombres pairs du « premier rang porteront leurs fusils « horizontalement au front, à hauteur « de l'estomac, la baïonnette à gauche, « la crosse à droite et au-dessus des ca- « nons des files latérales dont la baïon- « nette est croisée.

« 4° En abordant l'ennemi, les nom- « bres impairs lanceront des coups de « baïonnette, conformément à la fig. 12

2

« et suiv.; rapprochés de plus près, les
« nombres pairs relèveront vivement les
« baïonnettes dont ils sont menacés,
« tandis que les nombres impairs feront
« de nouveau leur devoir de pointer et
« de pénétrer dans les rangs.

« S'il arrive qu'en marchant à l'en-
« nemi, quelques files du premier rang
« soient mises hors de combat, aussitôt
« elles seront remplacées par les serre-
« files.

« Si les fantassins, pénétrés dans les
« rangs sont empêchés de faire usage de
« leur baïonnette dans l'attitude de croi-
« ser, ils prendront la position indiquée
« à la fig. 18. »

En examinant une pareille disposition,
il est facile de remarquer que M. Muller
n'a pas une idée juste des manœuvres
que l'infanterie peut exécuter sur le
champ de bataille, et il paraît d'abord
ignorer que tous les feux, en avançant,
ne produisent aucun effet (*voy. Rapport
sur les manœuvres de l'infanterie du
4 mars* 1831): Quant à ses dispositions
pour la baïonnette, elles sont belles, tra-
cées sur le papier; mais l'exécution en
est impossible, par la raison que les hommes sont serrés sur trois rangs, et que
dans ce cas, les nombres pairs ne peuvent porter leur bras droit en arrière
comme il est indiqué à la fig. 12; enfin,
ces mêmes hommes doivent s'emparer

des baïonnettes ennemies ; ce qui serait
possible, si au lieu d'hommes, on avait
des mannequins à combattre.

Je passe à un autre article :

« — Colonne d'attaque et de résis-
« tance contre la cavalerie (disposition
« de M. Muller).

« —Art. 23 (fig. 50). Le bataillon formé
« de huit pelotons, dans l'ordre ordi-
« naire de bataille, ayant à repousser
« une attaque de lanciers, le comman-
« dant fera les commandements indi-
« qués par l'ordonnance pour les feux
« de bataillon, en les faisant précéder
« de celui de disposition contre les lan-
« ciers, hussards, cuirassiers. 1° Garde
« à vous? 2° Bataillon, armez. A ce der-
« nier commandement, les chefs de pe-
« lotons changeront de place avec leurs
« sous-officiers de remplacement, afin
« que le premier rang soit entièrement
« hérissé de baïonnettes. La cavalerie
« étant arrivée à cinquante ou soixante
« pas de distance, le chef de bataillon
« commandera :

« Premier rang, joue, feu ! et aussitôt
« après l'exécution de ce feu, ce même
« rang, sans relever les chiens des fusils,
« posera fortement la crosse du fusil
« dans la terre, contre le genou droit, en
« donnant pour point d'appui au canon
« le genou gauche et en dirigeant de la
« main gauche la baïonnette à hauteur

« du poitrail des chevaux, et en portant
« tout le poids du corps en avant (fig. 21,
« 1er rang). Aussitôt après, le chef de ba-
« taillon fera exécuter le feu au second
« rang; après quoi, les hommes de ce
« rang porteront vivement et immédia-
« tement la pointe de la baïonnette en
« avant et au-dessus de la tête de leurs
« chefs de file, en élevant la poignée à
« hauteur de l'œil, à l'effet de protéger
« le premier rang contre les lances de la
« cavalerie assaillante, et de porter des
« coups de baïonnette obliques sur la
« tête du cheval ou du cavalier. Enfin,
« le troisième rang, qui est dans la po-
« sition d'apprêter arme, pourra fournir
« son feu, s'il est nécessaire. (Voir l'en-
« semble du bataillon.) »

Les manœuvres qui précèdent sont ti-
rées du réglement du 1er août 1791, (évo-
lutions de ligne, pag. 209). Il est inutile
de rappeler que ces manœuvres ont été
abandonnées depuis long-temps à cause
de leur inefficacité et du danger de leur
emploi à la guerre, en conséquence,
nous ne parlerons ici que des dispositions relatives à la défense à la baïonnette.

La position des hommes du premier
rang, qui ont le genou et la crosse du
fusil à terre, peut entraîner la ruine d'un
carré tout entier, par la raison, que les
pointes des baïonnettes ne peuvent frapper que le poitrail du cheval, qui se sen-

tant piqué à cette partie du corps, se jette sur le coup de toute sa force et de toute sa vitesse et vient tomber inévitablement au milieu des rangs, en se débattant pendant son agonie, et mettant ainsi un désordre complet dans le carré. J'ai été témoin de ce triste spectacle en Espagne, près de Talavera, à Waterloo, j'ai vu la cavalerie pénétrer dans un carré, par la maladresse de quelques hommes qui avaient piqué les chevaux au poitrail.

Les hommes du second rang nous sont représentés les pieds écartés, mais la distance entre leurs talons ne peut dépasser vingt-deux centimètres 8 pouces'. Les hommes du troisième rang ont la cheville du pied droit appuyée contre le talon gauche. Enfin, ces deux derniers rangs sont forcés de porter fortement le haut du corps en avant pour que leurs baïonnettes dépassent les hommes du premier rang. Le centre de gravité, dans cette position, passant vers l'extrémité antérieure de sa base, à cause du fusil porté en avant, l'équilibre est à peine possible au soldat; et l'homme, ainsi placé, malgré l'énergie et l'intensité de sa contraction musculaire, quelles que soient sa force et son adresse se trouve dans l'impossibilité de se maintenir pendant une demi-minute.

Dans mon opinion, tous les moyens défensifs à la baïonnette seule, contre les charges d'une cavalerie déterminée à se jeter sur un carré, ne pourront jamais suffire, quelle que soit d'ailleurs la profondeur des rangs, par la raison que le poids du choc de la cavalerie est incalculable. Il faut dans cette occurrence faire pleuvoir sur ce torrent qui déborde, une grêle de balles par un feu de deux rangs, et si la flamme et le plomb n'arrêtent pas cette cavalerie audacieuse; c'est alors, à la dernière extrémité qu'il faut croiser la baïonnette et frapper *le coup làché* sur la tête du cheval. De la sorte, l'animal se rebute et devient indocile à son cavalier, qui dès lors ne peut plus poursuivre son attaque.

Voilà, suivant moi, le moyen de repousser la cavalerie, mais il faut pour cela des hommes adroits qui aient le sentiment de leur force et de leur courage.

Je crois en avoir assez dit pour établir que dans sa méthode, M. Muller ne s'est pas plus conformé aux règles de l'escrime qu'aux lois de l'équilibre, et, qu'il n'a rien fait pour donner à l'homme le maximum de sa force et de sa vitesse. Sa théorie, d'ailleurs, n'est pas nouvelle, avant d'en avoir connaissance, j'avais trouvé des principes analogues dans un ouvrage publié en Saxe en 1825, par le capitaine Edouard de Selmnitz. Les vices de cette méthode m'avaient engagé dès cette époque à travailler avec plus de soin que

je ne l'avais fait jusque là, à l'établisse-
ment d'une théorie qui, bien entendue
et sagement raisonnée, doit présenter
d'immenses avantages.

La théorie que j'ai l'honneur d'offrir à
l'armée est le fruit de trente années
de travail, elle a reçu l'approbation de
MM. les membres du comité de l'infanterie et de la cavalerie, et M. le Ministre de la
guerre, sur le rapport du comité, a décidé, le 13 février 1833 et le 29 août 1836,
que cette méthode pouvait être utilement
enseignée dans les régiments d'infanterie.

Il existe d'ailleurs une considération
d'une haute importance qui fait ressentir
la nécessité d'exercer méthodiquement
l'armée à l'usage de la baïonnette : c'est
que dans toute l'Europe, l'Espagne et le
Portugal exceptés, on s'occupe de ce
genre d'exercice avec un soin tout parti-
culier. L'avantage que donne l'instruction ne peut pas être mis en doute. Le
courage de notre armée jeune et sans expérience de la guerre, pourrait-il toujours suppléer au nombre, et ne per-
drait-elle pas la confiance que doit lui
donner le sentiment de sa supériorité
dans le maniement de la baïonnette,
l'arme si terrible de l'infanterie française,
si cette supériorité passait dans les mains
exercées des troupes étrangères.

Exercez donc vos bras, généreux dé-
fenseurs de la patrie! son intérêt et le

soin que vous devez à votre conservation vous le commandent. Certes, ils joignaient l'adresse à la bravoure, ces braves carabiniers de la 2e demi-brigade légère, qui soutinrent huit combats partiels contre les mamelucks après la bataille de Nazareth.

Ils ne manquaient pas non plus d'instruction, les soixante-dix grenadiers du 22e de ligne qui, en 1811, sous les ordres du capitaine Gouache, mon élève, repoussèrent les attaques de trois escadrons anglais qui les chargèrent sept ou huit fois sans pouvoir les entamer.

Ici, je m'arrête, les exemples seraient trop nombreux.

Le but principal que je me suis proposé dans la rédaction de cet ouvrage est de donner au fantassin plus d'agilité, plus de force et plus de confiance en son arme. Mes moyens d'attaque et de défense à la baïonnette ne peuvent qu'ajouter encore à la valeur de l'infanterie française, contre laquelle, je l'espère, les efforts de la meilleure cavalerie seront désormais sans effet

L'infanterie est ordinairement la force la plus sûre et la plus solide des armées.

En effet, un fantassin est plus actif, plus mobile et plus ferme, tout à la fois, qu'un cavalier. Il résiste mieux à la fatigue et il est plus capable de supporter les privations. Le meilleur cavalier n'arrivera jamais à former avec son cheval cette unité si précieuse dans le combat et qui n'appartient qu'au fantassin, puisqu'il est tout homme.

L'infanterie peut combattre au milieu des bois, sur les montagnes, dans les ravins raboteux et dans toutes les circonstances possibles, tandis que la cavalerie ne peut combattre qu'en plaine, et encore le plus léger accident de terrain l'arrête-t-il.

La force de la cavalerie, contre une troupe à cheval, est dans l'adresse individuelle des cavaliers et leur audace, dans la vigueur des chevaux et la violence du choc. Contre une troupe d'infanterie bien exercée au maniement de la baïonnette, cette force deviendra nulle, car le feu du fantassin sera mieux dirigé lorsqu'il aura acquis pleine confiance en son arme, tandis que le tir du pistolet ou de la carabine sera, comme toujours, peu décisif dans les mains de l'homme à cheval. Je ferai observer aussi que le fantassin peut atteindre de sa baïonnette avec une très-grande vitesse le buste du cavalier à 2 mètres 95 centimètres (9 pieds) de distance, tandis que le lancier ne peut toucher le fantassin qu'à la distance de 2 mètres 44 centimètres (7 pieds 6 pouces). On sait bien d'ailleurs, que dans la position en carré, il n'est pas nécessaire de frapper le cavalier, il suffit de toucher la tête du cheval, qui se trouve à trois pieds plus près que le buste du cavalier.

En résumé, je suis convaincu que la force de l'infanterie consiste principalement dans la précision de ses mouvements et dans la bonne direction de son feu; mais, je suis aussi persuadé qu'il ne suffit pas du génie d'un seul homme pour gagner des batailles; un général, quelque habile qu'il soit, ne peut pas tout prévoir ni combattre à la tête de chaque rang; il a besoin d'être secondé par une bonne armée, et ce qui constitue la force d'une armée, c'ést cette valeur qui résulte pour chaque homme de sa confiance en ses moyens d'attaque et de défense.

Ma théorie, comme on le verra, ne change rien à l'ordre admirable des exercices et manœuvres de l'infanterie, je ne me suis occupé que d'exercer le soldat au maniement de l'arme blanche, suivant moi, la plus terrible qu'on puisse opposer à son ennemi; je n'adopte donc point l'opinion du barbare Souwaroff : *La balle est folle, la baïonnette seule est sage.* Mais, je réclame pour la baïonnette, le titre que le général Montecuculli accordait exclusivement à la lance; et je dis : *La baïonnette est la reine des armes blanches.*

ÉCOLE
DU TIRAILLEUR.

DIVISION DE L'ÉCOLE.

1. Cette école, qui a pour objet d'instruire le soldat au maniement de la baïonnette au bout du fusil, lui donne, en même temps, plus d'agilité, plus de souplesse, plus de force, plus de confiance en son arme; et c'est pour cette raison, que les recrues seront exercées à cette école après celle de peloton.

2. L'école du tirailleur sera divisée en quatre parties :

La première comprendra la garde du tirailleur et les exercices des jambes, le soldat sera sans armes; la seconde, les principes des coups et des parades; la troisième, le maniement d'armes avec les passes et les voltes; la quatrième, la marche de front, la marche en bataille, la disposition contre la cavalerie, la manière de faire résister une ligne de tirailleurs à la baïonnette.

3. Chaque partie sera divisée en quatre leçons, comme il suit :

PREMIÈRE PARTIE.

1re leçon. Garde du tirailleur et les passes.

2e leçon. Les doubles passes.

3e leçon. A droite, à gauche, demi-tour à droite et demi-tour à gauche.

4e leçon. Les volte-faces et le pas d'étude.

DEUXIÈME PARTIE.

1re leçon. Garde contre l'infanterie et contre la cavalerie.

2e leçon. Principes des coups. (Prime, tierce, quarte et coup lâché.)

3e leçon. Principes des parades. (Prime à droite, prime à gauche, tierce, quarte, le contre de tierce et le contre de quarte.)

4e leçon. Principes des ripostes, des feintes, des engagements et des dégagements.

TROISIÈME PARTIE.

1re leçon. Maniement d'armes avec les passes.

2e leçon. Maniement d'armes avec les doubles passes.

3e leçon. Maniement d'armes avec les à-droite, les à-gauche, les demi-tours à droite et les demi-tours à gauche.

4ᵉ leçon. Maniement d'armes avec les volte-faces et le pas d'étude.

QUATRIÈME PARTIE.

1ʳᵉ leçon. Position de résister à la baïonnette, principes du port d'armes pour marcher à la baïonnette et la marche de front.

2ᵉ leçon. Position de résister sur trois rangs et la marche en bataille.

3ᵉ leçon. Disposition contre la cavalerie.

4ᵉ leçon. Résistance des tirailleurs formés en cercle, manière de se rallier par quatre, par huit, par section et par peloton.

4. Chaque leçon sera suivie d'observations qui auront pour objet de démontrer l'utilité des principes qu'on y aura prescrits.

5. Le ton du commandement sera toujours animé, et d'une étendue de voix proportionnée au nombre des hommes qu'on exercera.

6. Il y aura deux sortes de commandements: les commandements d'avertissement et ceux d'exécution.

7. Les commandements d'avertissement, qui seront distingués dans cette théorie par des lettres italiques, seront prononcés distinctement et dans le haut de la voix, en allongeant un peu la dernière syllabe.

3

8. Les commandements d'exécution seront distingués dans cette théorie par des majuscules, et seront prononcés d'un ton ferme et bref.

9. Les commandements dont l'énonciation sera séparée par deux tirets seront coupés de même en les prononçant.

10. Les instructeurs expliqueront toujours, en peu de mots clairs et précis, ce qu'ils enseigneront, ils exécuteront toujours eux-mêmes ce qu'ils commanderont, afin de joindre ainsi l'exemple au précepte ; ils s'attacheront à accoutumer l'homme à prendre lui-même la position qu'il devra avoir, et ne le toucheront, pour le placer, que lorsque son défaut d'intelligence les y obligera.

11. Les instructeurs auront soin de ne pas rebuter le soldat au commencement, par l'exécution trop rigoureuse des principes qui sont exposés dans cet ouvrage. La parfaite régularité ne peut s'obtenir que successivement et par gradation.

PREMIÈRE PARTIE.

PRINCIPES GÉNERAUX.

12. La première partie de l'école du tirailleur sera enseignée à trois hommes, placés sur un rang, à un pas de distance les uns des autres.

Le soldat sera sans armes.

PREMIÈRE LEÇON.
Garde du Tirailleur et les Passes.

13. Les hommes prendront la position du soldat sans armes, après quoi l'instructeur commandera :

1. *Pour se mettre en garde.*
2. *Prenez* = GARDE.

Un temps et deux mouvements.

Premier mouvement.

14. Faire un demi à droite sur le talon gauche en plaçant le talon droit contre le milieu du pied gauche, les pointes des pieds ouvertes en équerre, les genoux tendus sans les roidir, le corps d'aplomb sur les hanches,

les épaules effacées autant que possible sur la ligne du corps, les bras pendants naturellement. (*Voy*. fig. 1ʳᵉ.)

Deuxième mouvement.

15. Porter vivement le pied droit à environ 49 centimètres (18 pouces) en arrière et à 5 centimètres (2 pouces) sur la droite de la ligne du corps, la cheville faisant face en avant; en même temps, ployer sur les jarrets, le corps d'aplomb sur les hanches, la distance des pieds se mesure d'un talon à l'autre. (*Voy*. fig. 2.)

Les Passes.

16. Le soldat étant bien placé dans la garde, lorsque l'instructeur voudra lui faire exécuter les passes, il commandera :

1. *Passe en avant.*

2. MARCHE.

17. Au commandement de marche, porter vivement le pied droit en avant du talon gauche à 49 centimètres (18 pouces), sans déranger la position du corps : ce pied passera à 5 centimètres (2 pouces) du gauche, parallèlement à la ligne du corps en rasant le sol, et prendra en avant la même position qu'il avait en arrière.(*V*. fig. 3.)

18. Les hommes étant placés dans la position d'une passe en avant, lorsque l'instructeur voudra leur faire reprendre la garde, il commandera :

Reprenez = GARDE.

19. A ce commandement, le soldat reportera vivement le pied droit en arrière, en observant ce qui a été prescrit pour le porter en avant, et reprendra ainsi la position de la garde, ayant soin de fléchir sur le jarret gauche à l'instant où le pied droit se trouve à la hauteur du gauche, afin d'éviter une secousse du corps.

Passe en arrière.

20. Le soldat étant dans la position de la garde, lorsque l'instructeur voudra faire exécuter une passe en arrière, il commandera :

1. *Passe en arrière.*

2. MARCHE.

21. Au commandement de marche, le soldat portera vivement le pied gauche à environ 49 centimètres (18 pouces) en arrière du talon droit, en maintenant la position du corps, ce pied passera à 5 centimètres du droit, en rasant le sol, et prendra en arrière la même position qu'il avait en avant. (*Voy.* fig. 4.)

22. Dans la position d'une passe en avant ou d'une passe en arrière, les jarrets seront toujours tendus. L'instructeur, après avoir rectifié la passe en arrière, fera aussitôt reprendre la garde.

Passe à droite.

23. Le soldat étant en garde, lorsque

3*

l'instructeur voudra lui faire exécuter une
passe à droite, il commandera :

1. *Passe à droite.*

2. MARCHE.

24. Au commandement de marche, le soldat, sans déranger la position du corps, portera, en rasant le sol, le pied droit à 40 centimètres (15 pouces) sur la perpendiculaire
de droite, ce pied se portera dans la même
direction où il se trouvait à la position de la
garde, en conservant à cette distance, la
même pose qu'il avait avant le mouvement.
Dans cette position, le jarret gauche doit être
tendu et le droit fléchi. (*Voy.* fig. 5.)

Passe à gauche.

25. Le soldat ayant repris la position de la
garde, l'instructeur fera exécuter la passe à
gauche, à cet effet, il commandera :

1. *Passe à gauche.*

2. MARCHE.

26. Au commandement de marche, le soldat portera vivement le pied gauche à 40 centimètres (15 pouces) sur la perpendiculaire de
gauche, et conservera à cette distance la pose
qu'il avait dans la garde. (*Voy.* fig. 6.)

OBSERVATION.

27. L'instructeur ne perdra pas de vue
que le poids du corps doit être également

partagé sur les jambes, de manière que le centre de gravité tombe à égale distance des talons. L'homme sera ainsi en parfait équilibre, et aura la facilité de porter l'un ou l'autre pied, soit à droite, soit à gauche et enfin dans toutes les directions.

28. L'instructeur devra aussi s'attacher à obtenir du soldat la vitesse des jambes, c'est un point essentiel que je recommande expressément à son attention; il aura aussi soin à ce que les hommes ne croisent pas les jambes dans la position de la garde et dans les mouvements des passes.

DEUXIÈME LEÇON.
Les doubles Passes.

29. Lorsque les hommes exécuteront les passes avec facilité, on pourra leur démontrer les doubles en les décomposant, afin d'en faire mieux comprendre le mécanisme. Il y a deux manières d'exécuter les doubles passes: l'une consiste à s'avancer ou à s'éloigner très rapidement de son adversaire; l'autre consiste à se porter sur sa droite ou sur sa gauche. Dans ces différents cas, on reprendra toujours la position de la garde.

3o. L'instructeur voulant faire exécuter les doubles passes, fera prendre la garde; après quoi il commandera:

1. *Double passe en avant.*

2. MARCHE.

Un temps et deux mouvements.

Premier mouvement.

31. Comme il a été prescrit à la passe en avant, n° 17.

Deuxième mouvement.

32. Porter vivement le pied gauche à 49 centimètres (18 pouces) en avant du droit pour reprendre la position de la garde.

Double passe en arrière.

33. Le soldat étant bien placé dans la garde, lorsque l'instructeur voudra faire exécuter cette double passe, il commandera :

1. *Double passe en arrière.*

2. MARCHE.

Un temps et deux mouvements.

Premier mouvement.

34. Comme il est prescrit à la passe en arrière, n° 21.

Deuxième mouvement.

35. Porter vivement le pied droit à 49 centimètres (18 pouces) en arrière du pied gauche, en reprenant la garde.

Double passe à droite.

36. Lorsque l'instructeur voudra faire exécuter la double passe à droite, il rectifiera la garde avec soin ; après quoi, il commandera :

1. *Double passe à droite.*

2. MARCHE.

Un temps et deux mouvements.

Premier mouvement.

37. Comme il a été prescrit à la passe à droite, n° 24.

Deuxième mouvement.

38. Porter vivement le pied gauche à 49 centimètres (18 pouces) sur la ligne perpendiculaire en avant du talon droit en reprenant la garde.

Double passe à gauche.

39. L'instructeur, après avoir rectifié la double passe à droite, fera exécuter la double passe à gauche; à cet effet, il commandera :

1. *Double passe à gauche.*

2. MARCHE.

Un temps et deux mouvements.

Premier mouvement.

40. Comme il a été indiqué à la passe à gauche, n° 26.

Deuxième mouvement.

41. Porter vivement le pied droit à 49 centimètres (18 pouces) en arrière sur la ligne droite en reprenant la garde.

OBSERVATION.

42. L'instructeur fera décomposer les doubles passes jusqu'à ce que les hommes aient acquis de l'assurance dans leur équilibre et une parfaite régularité; alors, il fera exécuter les doubles passes en un seul temps. Il por-

tera son attention à ce que les hommes ne fassent pas ces mouvements en sautant, mouvements qui d'ailleurs sont nuisibles aux principes de cette leçon.

TROISIÈME LEÇON.

A droite, à gauche, demi-tour à droite et demi-tour à gauche.

43. L'instructeur voulant faire exécuter les à-droite, fera prendre la garde au soldat; après quoi, il commandera :

1. *Face à droite.*
2. *Peloton* ⚊ (*à*) DROITE.

44. Au deuxième commandement, le soldat fera un à-droite, comme si l'on faisait par le flanc droit, en tournant sur le talon gauche et portant en même temps le pied droit en arrière pour aller prendre sa place de la position de garde. Dans ce mouvement, le soldat portera le poids du corps sur la jambe gauche, sans perdre la position d'être ployé sur les deux jarrets.

45. L'instructeur fera exécuter les à-gauche, par les commandements suivants.

1. *Face à gauche.*
2. *Peloton* ⚌ (*à*) GAUCHE.

46. Au commandement de gauche, le soldat fera un à-gauche comme si l'on faisait par le flanc gauche, en observant tout ce qui a été prescrit pour faire face à droite.

Le demi-tour à droite.

47. Le soldat étant bien en garde , lorsque l'instructeur voudra faire exécuter le demi-tour à droite , il commandera :

1. *Face en arrière à droite.*
2. *Demi-tour* $=$ (*à*) DROITE.

48. Au commandement de droite, le soldat fera un demi-tour à droite sur le talon gauche pour se trouver face en arrière à droite, et portera , en même temps, le pied droit en arrière du gauche , dans sa position de garde , que l'on conserve dans ce mouvement, en portant le poids du corps sur la partie gauche.

Le demi-tour à gauche.

49. L'instructeur, après avoir rectifié le demi-tour à droite, commandera :

1. *Face en arrière à gauche.*
2. *Demi-tour* $=$ (*à*) GAUCHE.

50. Au commandement de gauche , le soldat fera un demi-tour à gauche sur le talon gauche , en faisant face en arrière à gauche et en observant ce qui a été prescrit pour le demi-tour à droite.

OBSERVATION.

51. Les à-droite, les à-gauche, les demi-tours à droite et les demi-tours à gauche sont de la plus grande importance , ils donnent à l'homme l'agilité indispensable dans une ins

truction où le succès dépend souvent de la célérité dans les mouvements ; aussi , l'instructeur devra souvent répéter cette leçon ; il fera
comprendre au soldat que pour pivoter sur
le talon gauche en maintenant l'équilibre , il
faut que le poids du corps se trouve toujours
sur cette partie pendant le mouvement.

52. Il portera aussi son attention à la distance des pieds ; car , si l'homme a plus de
49 centimètres (18 pouces) entre les talons, il
sera forcé de faire des efforts pour tourner.

QUATRIÈME LEÇON.
Les volte-faces et le pas d'étude.

Volte-face.

53. L'instructeur , voulant faire exécuter
les volte-faces, fera prendre la position de la
garde et commandera :

1. *Volte-face à droite.*

2. MARCHE.

. Un temps et deux mouvements.

Premier mouvement.

54. Au commandement de volte-face, le
soldat portera le poids du corps sur la jambe
droite , et au commandement de marche, il
fera un demi-tour à droite sur le talon droit
pour faire face en arrière à droite en reprenant la garde.

Deuxième mouvement.

55. Faire un second demi-tour à droite sur

le talon gauche, en observant ce qui a été prescrit, n° 48.

56. L'instructeur voulant faire exécuter la volte-face à gauche, commandera :

1. *Volte-face à gauche.*

2. MARCHE.

Un temps et deux mouvements.

Premier mouvement.

57. Faire un demi-tour à gauche sur le talon droit pour faire face en arrière à gauche, en observant tout ce qui a été prescrit au premier mouvement de la volte-face à droite, n° 54.

Deuxième mouvement.

58. Faire un second demi-tour à gauche sur le talon gauche, en faisant face en ayant et en observant les principes qui ont été prescrits au demi-tour à gauche, n° 50.

59. Lorsque l'instructeur verra que les volte-faces s'exécuteront avec précision, il pourra les faire faire en un seul temps, en observant la cadence entre ces deux mouvements d'un quatre-vingt-dixième de minute.

Pas d'étude.

60. La longueur du pas d'étude est de 13 centimètres (5 pouces) au plus, sa vitesse est de 76 pas à la minute. L'instructeur obtiendra cette cadence, en comptant une,

deux très vite pour un pas, et pour le faire exécuter, il commandera :

1. *Un pas d'étude en avant.*

2. MARCHE.

61. Au commandement de marché, le soldat avancera vivement le pied gauche de 13 centimètres (5 pouces) ; le pied droit doit immédiatement suivre d'autant, tous deux en rasant le sol, sans que le corps soit dérangé de sa position, et de manière que l'on marche en conservant toujours entre les talons, la distance où ils se trouvaient avant la marche.

62. L'instructeur voulant faire exécuter le pas d'étude en arrière, commandera :

1. *Un pas d'étude en arrière.*

2. MARCHE.

63. Au commandement de marche, le soldat portera vivement le pied droit de 13 centimètres (5 pouces) en arrière, le gauche suivra d'autant, et l'on observera les mêmes principes que pour le pas d'étude en avant.

OBSERVATION.

64. L'instructeur veillera à ce que les volte-faces s'exécutent toujours en faisant le premier demi-tour sur le pied droit, et que le poids du corps se porte toutes les fois sur la partie qui pivote. Quant au pas d'étude, il est très important, et il exige toutes sortes de soins de la part des instructeurs. Lorsqu'ils

verront qu'il est exécuté avec précision, ils pourront en faire faire une série de six ou huit, en veillant à ce que les hommes ne croisent pas les jambes, ce qui leur ferait perdre l'équilibre du corps et les ferait marcher dans une fausse direction, et ce qui est d'ailleurs contraire à l'instruction.

Enfin si cette première partie est exécutée avec précision, elle aura l'avantage d'augmenter la force des muscles et des articulations des cuisses, des genoux et des pieds, rendra toutes ces parties plus souples et donnera une très grande assurance dans l'équilibre.

DEUXIÈME PARTIE.

---

65. L'instructeur ne passera à cette partie que lorsqu'il verra le soldat bien affermi dans la précédente.

Il placera les hommes sur un rang, à un pas de distance les uns des autres ; ils seront armés du fusil, la baïonnette au canon.

PREMIÈRE LEÇON.
Garde contre l'infanterie et garde contre la cavalerie.

66. Les soldats étant reposés sur les armes, lorsque l'instructeur voudra faire prendre la garde contre l'infanterie, il fera porter les armes, alignera à droite, et commandera :

1. *Contre infanterie.*

2. *Assurez* = ARME.

Un temps et deux mouvements.

Premier mouvement.

67. Comme le premier mouvement du premier temps de la charge, à l'exception que le talon droit vient se placer contre le milieu du pied gauche, comme il est indiqué au premier mouvement de la garde du tirailleur n° 14.

Deuxième mouvement.

68. Porter le pied droit en arrière, en

exécutant ce qui a été prescrit au deuxième mouvement de la garde du tirailleur, n° 15. En même temps abattre l'arme avec la main droite, dans la main gauche qui viendra la saisir à la capucine, et la plaçant devant le corps, la batterie en l'air, la main droite appuyée contre l'aine droite, la main gauche sur la cuisse gauche.(*Voy*.fig.7).

69. Le soldat étant ainsi placé en garde contre l'infanterie, lorsque l'instructeur voudra faire porter les armes, il commandera :

Portez = (*vos*) ARMES.

Un temps et deux mouvements.

70. Le premier et le deuxième mouvement s'exécuteront comme il est prescrit au premier et au deuxième mouvement de porter les armes, étant dans la position de baïonnette croisée, école du soldat, n° 100 et 101.

Garde contre la cavalerie.

71. Lorsque l'instructeur voudra faire prendre cette garde, il commandera :

1. *Contre cavalerie.*

2. *Assurez* = ARME.

72. Comme le premier mouvement de la garde contre l'infanterie, n° 67.

Deuxième mouvement.

73. Porter vivement le pied droit à environ 49 centimètres (18 pouces) en arrière et à 5 centimètres (2 pouces) sur la droite hors de la ligne du talon gauche, la cheville du droit

faisant face en avant ; en même temps abattre l'arme avec la main droite, dans la main
gauche, qui la saisira à la capucine, le canon en dessus , le coude gauche près du
corps , la main droite appuyée contre la
hanche droite , la pointe de la baïonnette à
la hauteur de l'œil, et ployant sur les jarrets,
le corps d'aplomb sur les hanches. (*Voyez*
fig. 8.)

OBSERVATION.

74. Dans ces deux gardes , l'instructeur
ne perdra pas de vue que le poids du corps
doit être porté autant sur la jambe droite
que sur la jambe gauche. Il doit aussi faire
comprendre au soldat que pour être bien
en garde , toutes les parties du corps doivent
être dans un état parfait de souplesse , et
que la moindre raideur dans les mouvements
l'empêcherait d'agir avec promptitude. Je
recommande l'observation de ce précepte
d'une manière toute particulière , parce qu'il
s'applique à tous les mouvements de cette
école , de laquelle ces mouvements sont les
véritables principes.

DEUXIÈME LEÇON.
Principes des coups , savoir : prime, tierce, quarte, coup lâché.

Le coup de prime.

75. Le soldat étant dans la position de la
garde contre la cavalerie, lorsque l'instruc-

teur voudra faire exécuter le coup de prime, il commandera :

En prime, pointez = ARME.

76. Au commandement d'arme, le soldat avancera vivement l'arme, en dirigeant la pointe de la baïonnette à hauteur de la poitrine de l'homme, le bras gauche allongé, le droit un peu ployé, le fusil tourné la sous-garde en l'air, la crosse à 13 centimètres (5 pouces) au-dessus du sommet de la tête et 16 centimètres (6 pouces) sur la droite de la ligne des épaules, le haut du corps en avant, la hanche droite un peu creusée, le jarret gauche fléchi, le droit tendu, et les yeux fixant la pointe de la baïonnette sur la gauche de l'arme. (*Voy.* fig. 9.)

77. L'instructeur rectifiera de suite cette position, et fera reprendre la garde par le commandement suivant :

Assurez = ARME.

78. Au commandement d'arme, quelle que soit la garde dans laquelle on se trouve avant l'exécution d'un coup ou d'une parade, le soldat reprendra toujours la garde qui précédait ce mouvement.

Le coup de tierce.

79. Le soldat étant bien en garde contre la cavalerie, l'instructeur commandera :

En tierce, pointez = ARME.

80. Au commandement d'arme, le soldat

avancera vivement l'arme, en allongeant le bras, gauche, le droit un peu ployé, le fusil ainsi placé se trouve horizontal, la sous-garde en l'air, la crosse appuyée contre l'avant-bras, à 16 centimètres(6 pouces) de la figure, le haut du corps en avant, la hanche droite un peu creusée, le jarret gauche fléchi, le droit tendu, les yeux fixés sur la pointe de la baïonnette vers la gauche de l'arme. (*Voy.* fig. 10.)

Le coup de quarte.

81. L'instructeur, après avoir fait reprendre la garde contre la cavalerie, commandera :

En quarte, pointez = ARME.

82. Au commandement d'arme, le soldat avancera vivement l'arme en la tournant de la main droite en dedans, et en la portant sur la ligne du corps à gauche, le bras gauche tendu dans toute sa longueur, le coude du droit ne quittant pas le corps, l'arme horizontale, la batterie en bas, la crosse sous l'aisselle gauche, le haut du corps en avant, la hanche droite creusée, le jarret gauche fléchi, le droit tendu et les yeux fixés sur la pointe de la baïonnette. (*voy.* fig. 11.)

Le coup lâché.

83. L'instructeur, voyant l'homme bien placé dans la garde contre la cavalerie, commandera :

Coup lâché = ARME.

84. Au commandement d'arme, le soldat avancera vivement l'arme des deux mains, après quoi il la lâchera de la main gauche, le plat de la crosse retenu dans toute sa longueur par l'avant-bras droit, la main gauche dans sa position, prête à recevoir l'arme, le fusil tourné la batterie en l'air, la pointe de la baïonnette dirigée à la hauteur de la poitrine de l'homme ; le bras étant au bout de son extension, retirer vivement l'arme en reprenant la position de la garde contre la cavalerie. Pendant l'exécution de ce coup, le haut du corps doit se porter un peu en avant, sans tendre les jarrets, mais ayant soin d'être fortement appuyé sur les jambes et en creusant un peu la hanche droite. (*Voy.* fig. 12.)

OBSERVATION.

85. L'instructeur fera aussi exécuter les coups dans la garde contre l'infanterie, après qu'il sera satisfait de la régularité des coups dans la position de la garde contre la cavalerie. Il portera son attention à ce que l'arme forme opposition dans la ligne du coup tiré, c'est-à-dire que lorsqu'on portera le coup de prime et celui de tierce, l'arme devra se trouver à droite, de telle manière que l'on soit sur la droite de son arme. Si le coup est en quarte, on doit même être couvert sur la ligne gauche du corps.

L'instructeur s'efforcera de rendre le coup lâché familier au soldat, parce que l'on peut en faire usage dans toutes les circonstances, sans avoir égard à la position de l'arme adverse. D'ailleurs, je le recommande d'une manière toute particulière, par la raison que le coup lâché touche à 2 mètres 95 centimètres (9 pieds), lorsque l'homme est isolé et dans les rangs, ou touche à 2 mètres 60 centimètres (8 pieds).

Lorsque l'instructeur sera satisfait de la régularité des trois premiers coups, il pourra les faire exécuter sans décomposer, en comptant *un* pour porter le coup, et *deux* pour reprendre la garde.

TROISIÈME LEÇON.

Principes des parades, savoir : prime à droite, prime à gauche, tierce, quarte, le contre de tierce et le contre de quarte.

Prime à droite.

86. Le soldat étant bien placé dans la position de la garde contre la cavalerie, lorsque l'instructeur voudra faire exécuter la parade de prime à droite, il commandera :

En prime à droite, parez = ARME.

87. Au commandement d'arme, le soldat décrira vivement un cercle de gauche à droite avec la pointe de la baïonnette que l'on dirige sur la droite du corps, en tournant brusquement l'arme la baguette en l'air, le bras gauche fléchi formant à peu près un angle droit, le coude à 8 centimètres (3 pouces) du corps, et sur la ligne des boutons de l'ha-

bit, la main à hauteur du front, le bras droit un peu ployé, la main à hauteur du sommet du schako et à 16 centimètres (6 pouces) sur la droite de la ligne du corps à droite, les yeux fixant la pointe de la baïonnette sur la gauche de l'arme. (*Voy.* fig. 13.)

Prime à gauche.

88. L'instructeur fera reprendre la garde contre la cavalerie, après quoi il commandera :

En prime à gauche, parez=ARME.

89. Au commandement d'arme, le soldat décrira vivement un cercle de droite à gauche avec la pointe de la baïonnette que l'on dirige sur la ligne du corps à gauche ; en même temps tourner brusquement l'arme, la baguette en l'air, et la porter sur la gauche du corps, le bras gauche fléchi en angle droit, la main à hauteur de l'œil gauche, le bras droit un peu ployé, la main à hauteur du sommet du schako, et 16 centimètres (6 pouces) sur la droite de la ligne du corps à droite, les yeux fixés sur la pointe de la baïonnette vers la gauche de l'arme. (*Voyez* fig. 14.)

La parade de tierce.

90. L'instructeur rectifiera la parade de prime à gauche, et fera reprendre la garde contre la cavalerie, après quoi il commandera :

En tierce, parez = ARME.

91. Au commandement d'arme, le soldat dirigera vivement à 11 centimètres (4 pouces) sur la droite de la ligne du corps à droite, la pointe de la baïonnette à hauteur des yeux ; ce mouvement imprimé à l'arme par la main gauche sans que le coude quitte le corps, la main droite reste appuyée contre la hanche droite. (*Voy.* fig. 15.)

La parade de quarte.

92. Lorsque l'instructeur voudra faire exécuter cette parade, il fera reprendre la garde contre la cavalerie et commandera :

En quarte, parez = ARME.

93. A ce commandement, le soldat dirigera vivement l'arme au milieu du corps, la main droite appuyée à 8 centimètres (3 pouces) sur la gauche du nombril, la main gauche à hauteur de l'épaule gauche, le coude fléchi et près du corps, les épaules carrément, le fusil tourné le canon en l'air, et les yeux fixés sur la pointe de la baïonnette. (*Voy.* fig. 16.)

Le contre de tierce.

94. Lorsque l'instructeur voudra faire exécuter le contre de tierce, il fera prendre au soldat la garde contre la cavalerie, et commandera :

Contre de tierce, parez = ARME.

95. Au commandement d'arme, le soldat décrira avec la pointe de sa baïonnette, un

cercle de 16 centimètres (6 pouces) de dia-
mètre de gauche à droite et en montant. Ce
mouvement doit se faire de la main gauche,
sans que le coude quitte le corps, la main droite
ne bougeant pas de sa position.

Le contre de quarte.

96. L'instructeur fera reporter l'arme qui
se trouve à droite, au milieu du corps, et
commandera :

Contre de quarte, parez = ARME.

97. Au commandement d'arme, le soldat
exécutera tout ce qui a été indiqué au contre
de tierce, à l'exception que l'on doit décrire
le cercle de droite à gauche.

OBSERVATION.

98. Dans l'exercice des parades, le poids
du corps doit être porté autant sur la jambe
droite que sur la jambe gauche ; l'équilibre
en sera plus sûr, on aura plus de vitesse, de
précision et de force. Les contres sont de la
dernière importance : par eux, le soldat ac-
querra de la facilité et de l'activité dans ses
mouvements, et parviendra à détourner tous
les coups. Je les recommande d'une manière
toute particulière. L'instructeur portera aussi
son attention à ce que les parades s'exécutent
au moyen seul des bras, sans que le corps
bouge de sa position de garde.

QUATRIÈME LEÇON.

Principes des ripostes, des feintes, des engagements, et des dégagements.

Des ripostes.

99. Lorsque l'instructeur voudra faire exécuter les ripostes, il fera prendre la garde contre la cavalerie, et commandera :

1. *En prime à droite (ou à gauche), parez.*

2. *En prime, pointez* = ARME.

100. Au deuxième commandement, le soldat pare prime, après quoi il porte le coup de prime et reprend la position de la parade de prime, immédiatement après le coup, en observant la cadence entre la parade et le coup d'un soixantième de minute dans le commencement, et ensuite on pourra augmenter cette cadence jusqu'à un quatre-vingt-dixième de minute.

101. Lorsque l'instructeur voudra faire exécuter la riposte en tierce, il fera reprendre la garde contre la cavalerie, et commandera :

1. *En tierce, parez.*

2. *En tierce, pointez* = ARME.

102. Au commandement d'arme, le soldat pare tierce et porte le coup de tierce en observant la cadence de la parade et du coup, comme il a été prescrit dans le mouvement précédent.

103. L'instructeur pourra aussi faire exécuter la riposte de prime après la parade de tierce.

104. Pour faire exécuter la riposte de quarte, l'instructeur fera reprendre la garde contre la cavalerie, et commandera :

1. *En quarte, parez.*

2. *En quarte, pointez* = ARME.

105. Au deuxième commandement, le soldat pare quarte, riposte quarte et reprend la position de la parade de quarte.

106. Si l'instructeur voulait faire exécute une riposte, après la parade du contre de tierce, il commandera :

1. *Contre de tierce, parez.*

2. *En tierce, pointez* = ARME.

107. Au commandement d'arme, le soldat pare le contre de tierce, porte la riposte de tierce et reprend la position de la parade de tierce. L'instructeur pourra aussi faire exécuter la riposte de prime après le contre de tierce.

108. Lorsque l'instructeur voudra faire exécuter la riposte de quarte, après la parade du contre de quarte, il placera le soldat dans la garde contre la cavalerie, et commandera :

1. *Contre de quarte, parez.*

2. *En quarte, pointez* = ARME.

109. Au commandement d'arme, le soldat

pare le contre de quarte , porte le coup de quarte et reprend la position de la parade de quarte.

110. L'instructeur pourra faire exécuter la riposte du coup lâché, après la parade de tierce , de quarte , le contre de tierce ou le contre de quarte , en observant les commandements suivants :

1. *En tierce (ou en quarte), parez.*

2. *Coup lâché =* ARME.

1. *Contre de tierce (ou de quarte), parez.*

2. *Coup laché =± arme.*

Les feintes.

111. Les feintes ne se font que pour forcer son ennemi à parer du côté opposé à celui par où on veut le toucher.

L'homme étant placé en garde contre l'infanterie , l'instructeur commandera :

1. *Feinte en tierce (ou en quarte).*

2. *Pointez =* ARME.

112. Au deuxième commandement, le soldat avancera vivement l'arme de 8 centimètres (3 pouces) comme s'il voulait porter le coup de tierce, en dirigeant la pointe de sa baïonnette à la hauteur de la poitrine , sans déranger la position du corps. Ce mouvement doit être bien prononcé et exécuté des mains seulement.

113. Quand l'instructeur voudra faire re-

prendre la position de la garde , il commandera :

Assurez = ARME.

114. A ce commandement, le soldat reprendra la garde contre l'infanterie.

Les engagements.

115. C'est joindre sa baïonnette à celle de son adversaire. Si en la joignant, l'arme adverse se trouve à droite , l'on est engagé de tierce, si au contraire l'arme adverse se trouve à gauche , l'engagement est de quarte.

Les dégagements.

116. Dégager, c'est transporter ou passer la pointe de sa baïonnette d'un côté à l'autre, par-dessus ou par-dessous celle de l'adversaire pour le frapper de quarte en tierce ou de tierce en quarte en prenant l'opposition du côté de l'arme adverse.

OBSERVATION.

117. L'instructeur ne perdra pas de vue que les ripostes sont de la dernière importance, car lorsque le soldat sera parvenu à les faire avec régularité , il pourra facilement être vainqueur dans un combat d'homme à homme. Je les recommande à son attention.

118. Les tirailleurs étant libres de porter leurs armes à volonté, j'ai cru qu'il était convenable d'indiquer au soldat, d'une manière uniforme, le moyen de se mettre en garde contre l'infanterie et contre la cavalerie,

étant dans la position de l'arme portée en sous-officiers; à cet effet, l'instructeur fera prendre cette position, et commandera ce qui a été prescrit pour la garde contre l'infanterie et contre la cavalerie, en observant que, dans le premier mouvement de la garde contre l'infanterie, l'homme ne fait aucun mouvement avec son arme, et que dans le premier mouvement de la garde contre la cavalerie, le soldat élevera un peu l'arme avec la main droite. Ainsi les instructeurs pourront faire exécuter ce qui vient d'être prescrit lorsqu'ils seront satisfaits de la régularité des deux gardes, l'arme portée comme soldat.

119. L'instructeur s'attachera à faire comprendre au soldat que les feintes, les engagements et les dégagements ne se font que dans le cas où l'on se trouve seul à seul avec son ennemi, et pour en donner une idée au soldat, il fera sortir un homme du rang, qu'il placera dans la garde contre l'infanterie et ensuite dans la garde contre la cavalerie et lui fera exécuter ces mouvements.

TROISIÈME PARTIE.

120 Cette partie se compose de la répétition des deux premières pour mettre en exécution les coups et les parades avec les mouvements des jambes. L'instructeur placera les hommes sur un rang, à trois pas de distance les uns des autres.

PREMIÈRE LEÇON.
Maniement d'armes avec les passes.

121. L'instructeur voulant faire exécuter cette leçon, fera prendre au soldat la garde contre l'infanterie, et commandera :

1. *En prime à droite, parez; passe en avant.*

2. MARCHE.

En quarte, parez; reprenez = GARDE.

En quarte, pointez = ARME.

Assurez = ARME.

1. *En prime à gauche, parez; passe en arrière.*

2. MARCHE.

En tierce, parez, reprenez = GARDE.

En tierce, pointez = ARME.

Assurez = ARME.

1. *En prime à gauche, parez; passe à droite.*

2. MARCHE.

En tierce, parez; reprenez = GARDE.

En prime, pointez = ARME.

Assurez = ARME.

1. *En prime à droite, parez; passe à gauche.*

2. MARCHE.

En quarte, parez; reprenez = GARDE.

En quarte, pointez = ARME.

Assurez = ARME.

1. *En tierce, parez; passe en avant.*

2. MARCHE.

Contre de tierce, parez; reprenez = GARDE.

Coup lâché = ARME.

1. *En quarte, parez; passe en arrière.*

2. MARCHE.

Contre de quarte, parez ; reprenez

= GARDE.

Coup lâché = ARME.

OBSERVATION.

122. La passe en avant se fait pour être en mesure de frapper son adversaire, dans ce mouvement la parade doit précéder la passe. Les passes en arrière, à droite, à gauche, sont des moyens pour éviter les coups de son adversaire ; dans ces mouvements les passes peuvent se faire en même temps que les parades.

L'instructeur fera exécuter ces mouvements dans la garde contre la cavalerie, et il s'attachera à obtenir du soldat une grande vitesse dans l'exécution, mais seulement, lorsqu'il verra le soldat bien affermi dans ces principes.

DEUXIÈME LEÇON.

Maniement d'armes avec les doubles passes.

123. Le soldat étant placé dans la position de la garde contre l'infanterie, lorsque l'instructeur voudra faire exécuter cette leçon, il commandera :

1. *En tierce et en quarte, parez ; double passe en avant.*

2. MARCHE.

Coup lâché = ARME.

Assurez ⸺ ARME.

1. *En quarte et en tierce parez,*
   double passe en avant.

2. MARCHE.

En prime, pointez ⸺ ARME.

Assurez ⸺ ARME.

1. *En quarte, parez; double passe*
   à droite.

2. MARCHE.

En quarte, pointez ⸺ ARME.

Assurez ⸺ ARME.

1. *En prime à gauche, parez; dou-*
   ble passe à droite.

2. MARCHE.

En prime pointez ⸺ ARME.

Assurez ⸺ ARME.

1. *En tierce, parez; double passe*
   à gauche.

2. MARCHE.

En tierce, pointez ⸺ ARME.

Assurez ⸺ ARME.

1. *En prime à droite, parez; dou-*
   ble passe à gauche.

2. MARCHE.

En prime , pointez = ARME.

Assurez = ARME.

1. *Contre de tierce et contre de quarte, parez ; double passe en arrière.*

2. MARCHE.

En quarte, pointez = ARME.

Assurez = ARME.

1. *Contre de quarte et contre de tierce, parez ; double passe en arrière.*

2. MARCHE.

En tierce, pointez = ARME.

Assurez = ARME.

OBSERVATION.

124. Dans l'exercice des coups , des para-des avec les mouvements des jambes , lorsque l'on commande de parer tierce , quarte et double passe en avant. Le soldat doit parer tierce sans bouger de sa place, et quarte en exécutant la double passe. Ainsi il doit parer à droite et à gauche en se portant en avant, et bien entendu qu'il doit faire précéder la parade de tierce. Dans cette circonstance, le soldat se trouve avoir fait deux parades avec la double passe en avant, la position du dé-part est la garde contre l'infanterie , et le der-nier mouvement est la parade de quarte ; c'est

dans cette position que le soldat exécute le coup lâché et qu'il reprend immédiatement la position de la parade de quarte. Le commandement d'assurer arme, lui indique qu'il doit reprendre la garde qui précédait ce mouvement.

L'instructeur fera aussi répéter cette leçon dans la garde contre la cavalerie.

TROISIÈME LEÇON.

Maniement d'armes avec les à-droite, les à-gauche, les demi-tours à droite et les demi-tours à gauche.

125. L'instructeur fera prendre au soldat, la position de garde contre la cavalerie, après quoi il commandera :

1. *En tierce, parez ; face à droite.*
2. *Peloton* $=$ *(à)* DROITE.
En prime, pointez $=$ ARME.
Assurez $=$ ARME.

1. *En quarte, parez ; face à gauche.*
2. *Peloton* $=$ *(à)* GAUCHE.
En quarte, pointez $=$ ARME.
Assurez $=$ ARME.

1. *En prime à droite, parez ; face à droite.*
2. *Peloton* $=$ *(à)* DROITE.
1. *En quarte, parez ; face à gauche.*
2. *Peloton* $=$ *(à)* GAUCHE.

Coup lâché = ARME.

1. *En prime à gauche, parez; face à gauche.*

2. *Peloton* = (à) GAUCHE.

1. *En tierce, parez; face à droite.*

2. *Peloton* = (à) DROITE.

En tierce, pointez = ARME.

Assurez = ARME.

1. *En tierce, parez; face en arrière à droite.*

2. *Demi-tour* = (à) DROITE.

En prime, pointez = ARME.

1. *En quarte, parez; face en arrière à gauche.*

2. *Demi-tour* = (à) GAUCHE.

Coup lâché = ARME.

1. *En prime à droite, parez; face en arrière à droite.*

2. *Demi-tour* = (à) DROITE.

1. *En quarte, parez; double passe en avant.*

2. MARCHE.

Coup lâché = ARME.

1. *En prime à gauche, parez ; face en arrière à gauche.*

2. *Demi-tour* $=$ (à) GAUCHE.

1. *En tierce, parez ; double passe en arrière.*

2. MARCHE.

En prime, pointez $=$ ARME.

Assurez $=$ ARME.

OBSERVATION.

126. Après que l'instructeur sera satisfait de la régularité de cette leçon dans la garde contre la cavalerie, il la fera exécuter pour la garde contre l'infanterie, en observant dans tous ces mouvements de l'ensemble et de la grâce. Il ne permettra jamais que les hommes frappent du pied en reprenant la position de la garde.

QUATRIÈME LEÇON.
Maniement d'armes avec les volte-faces et le pas d'étude.

127. Le soldat étant placé dans la garde contre la cavalerie, l'instructeur commandera :

1. *En tierce, parez ; volte-face à droite.*

2. MARCHE.

En tierce, pointez — ARME.

1. *En quarte, parez; volte-face à gauche.*

2. MARCHE.

Assurez = ARME.

Coup lâché = ARME.

1. *En prime à droite, parez; volte-face à droite.*

2. MARCHE.

En prime, pointez = ARME.

1. *En quarte, parez; volte-face à gauche.*

2. MARCHE.

Assurez = ARME.

Coup lâché = ARME.

1. *Contre de tierce, parez; un pas d'étude en avant.*

2. MARCHE.

En prime, pointez = ARME.

Assurez = ARME.

1. *Contre de quarte, parez; un pas d'étude en arrière.*

2. MARCHE.

Coup lâché = ARME.

1. *En quarte et en tierce, parez; un pas d'étude en avant.*

2. MARCHE.

Coup lâché = ARME.

1. *En tierce et en quarte, parez;*
   un pas d'étude en arrière.

2. MARCHE.

Coup lâché = ARME.

OBSERVATION.

128. L'instructeur préviendra le soldat, qu'il doit avoir la pointe de la baïonnette, à la hauteur du nez du cheval, quand il est dans la position de la parade de prime en faisant les volte-faces dans la garde contre la cavalerie. Si c'est dans la garde contre l'infanterie, la pointe doit se trouver comme il est démontré à la parade de prime.

Dans tous les cas, on doit observer que les volte-faces ne se font que pour gagner du terrain, ayant toujours soin de ne pas trop engager sa baïonnette en tournant. Enfin si le soldat exécute bien les quatre leçons de la troisième partie, il ne s'offrira plus de cas où il puisse être embarrassé, et son jeu épouvantera l'adversaire le plus intrépide.

QUATRIÈME PARTIE.

PREMIÈRE LEÇON.

Principes du port d'armes et de croiser la baïonnette de pied ferme et en marchant, position de résister et la marche de front.

129. Lorsque les hommes seront bien pénétrés des principes indiqués dans les trois parties précédentes, l'instructeur réunira six à neuf hommes sur un rang, coude à coude, leur fera porter les armes, les fera numéroter de la droite à la gauche, et les alignera à droite, après quoi il commandera :

1. *Pour croiser la baionnette.*

2. *Apprêtez* = *(vos)* ARMES.

Un temps et deux mouvements.

Premier mouvement.

130. Comme le premier mouvement de présenter les armes.

Deuxième mouvement.

131. Abattre l'arme avec la main droite dans la main gauche, qui la saisira à la capucine; porter le fusil obliquement devant le corps, la main droite appuyée contre l'aine droite, et la gauche contre le milieu de la

6*

poitrine, l'arme tournée, la batterie en avant. (*Voy.* l'homme du 1er rang, fig. 17.)

132. Le rang étant ainsi de pied ferme dans la position d'apprêter les armes pour marcher à la baïonnette, lorsque l'instructeur voudra faire croiser la baïonnette, il commandera :

Croisez ⟵ (*la*) BAÏONNETTE.

Un temps et deux mouvements.

Premier mouvement.

133. Comme le premier mouvement de la garde du tirailleur, et porter l'arme avec la main gauche devant l'épaule droite en l'élevant un peu de la main droite qui viendra s'appuyer contre la hanche, l'arme d'aplomb et détachée de l'épaule, la baguette en avant.

Deuxième mouvement.

134. Porter vivement le pied gauche à quarante-neuf centimètres (18 pouces) en avant, et à cinq centimètres (2 pouces) sur la gauche de la ligne du corps ; en même temps, croiser la baïonnette en prenant la position de la garde contre la cavalerie.

135. Le rang étant de pied ferme dans la position de croiser la baïonnette, lorsque l'instructeur voudra faire porter les armes pour marcher à la baïonnette, il commandera :

Redressez ⟵ (*vos*) ARMES.

136. A ce commandement, le soldat redressera vivement l'arme de la main gauche contre l'épaule droite, en reportant le pied gauche à côté du droit pour faire face en tête, et plaçant, en même temps le fusil devant le corps, comme il est indiqué à la fig. 17.

137. Le rang étant de pied ferme, les armes portées comme à l'école du soldat, lorsque l'instructeur voudra faire prendre la position de résister, il commandera :

1. *Pour résister.*

2. *Croisez* = (*la*) BAÏONNETTE.

Un temps et deux mouvements.

138. Le premier et le deuxième mouvement s'exécuteront comme il est prescrit à la garde contre la cavalerie, n° 72.

139. L'instructeur rectifiera cette position en observant si les hommes ont bien le pied droit à cinq centimètres (2 pouces) sur la droite de la ligne du corps, et si le buste est d'aplomb sur les hanches ; après quoi il commandera :

Portez = (*vos*) ARMES.

Un temps et deux mouvements.

140. Ces deux mouvements s'exécuteront comme il a été prescrit à l'école du soldat, n°s 100 et 101.

Marche de front.

141. Le rang étant bien aligné, lorsque l'instructeur voudra le faire marcher en

avant, il placera un homme bien dressé à la droite, et commandera :

1. *Peloton en avant.*
2. *Guide à droite.*
3. *Pas accéléré* = MARCHE.

142. Au commandement de marche, le rang partira vivement du pied gauche, l'homme de droite aura soin de marcher droit devant lui et de maintenir toujours ses épaules carrément.

143. Le rang marchant ainsi au pas accéléré, lorsque l'instructeur voudra faire porter les armes pour marcher à la baïonnette, il commandera :

1. *Pour croiser la baïonnette.*
2. *Apprêtez* = (*vos*) ARMES.

144. Au commandement d'arme, le soldat tournera vivement l'arme avec la main gauche, la platine en dessus, la saisira en même temps à la poignée avec la main droite, et la placera devant le corps comme il est indiqué, n° 131, sans interrompre la marche, et sentira le coude à droite.

145. Le rang étant en marche au port d'armes pour marcher à la baïonnette, lorsque l'instructeur voudra faire croiser la baïonnette, il commandera :

Croisez = (*la*) BAÏONNETTE.

146. A ce commandement, le soldat portera vivement l'arme avec la main gauche

devant l'épaule droite qu'il effacera en même temps, et croisera la baïonnette en marchant et en jetant un coup d'œil de temps en temps du côté du guide, afin que le rang marche bien aligné.

147. Le rang marchant la baïonnette croisée, lorsque l'instructeur voudra faire reprendre le port d'armes pour marcher à la baïonnette, il commandera :

Redressez = (*vos*) ARMES.

148. A ce commandement, le soldat redressera vivement l'arme de la main gauche contre l'épaule droite en faisant face en tête, placera le fusil devant le corps, et continuera à marcher droit devant lui.

149. Le rang marchant ainsi, les armes portées, pour marcher à la baïonnette, lorsque l'instructeur voudra faire arrêter le rang et lui faire croiser la baïonnette, il commandera :

1. *Pour résister.*
2. *Peloton* = HALTE.

150. Au commandement de halte, qui sera fait à l'instant où le pied droit pose à terre, le rang s'arrêtera en portant le pied gauche en avant comme il a été indiqué, n° 134, et en croisant la baïonnette.

151. Le rang était de pied ferme, la baïonnette croisée, lorsque l'instructeur voudra le

mettre en marche en conservant l'arme dans
cette position, il commandera :

1. *Peloton en avant.*
2. *Guide à droite.*
3. *Pas accéléré* = MARCHE.

15**1**. Au troisième commandement, le soldat marquera le pas du pied gauche, et partira après ce mouvement du pied droit,
comme si le gauche s'était porté en avant.

Le rang continuera ainsi à marcher, et les
hommes jetteront de temps en temps un coup
d'œil du côté du guide.

153. Le rang étant en marche, la baïonnette croisée, lorsque l'instructeur voudra
faire porter le coup lâché en arrêtant le rang,
il commandera

1. *Coup lâché.*
2. *Peloton* = HALTE.

154. Au commandement de halte, qui sera
fait à l'instant où le pied droit pose à terre,
le soldat exécutera le coup lâché en portant
le pied gauche en avant et en s'arrêtant; après
quoi, le rang prendra la position de résister.

155. Le rang étant en marche, la baïonnette croisée, lorsque l'instructeur voudra
l'arrêter et lui faire porter les armes comme
à l'école du soldat, il commandera :

Peloton = HALTE.

156. Ce qui s'exécutera comme à l'école du

soldat sans observer si le rang marche la baïonnette croisée.

☰ OBSERVATION.

157. Cette leçon devant préparer le soldat aux manœuvres de ligne, les instructeurs ne pourront trop la répéter, afin d'affermir les hommes aux principes qui y sont exposés.

DEUXIÈME LEÇON.
Position de résister sur trois rangs, et la marche en bataille.

158. Le peloton étant au port d'armes, formé sur trois rangs et bien aligné, lorsque l'instructeur voudra faire prendre la position de résister à la baïonnette, il commandera :

1. *Pour résister.*

2. *Croisez* ═ (*la*) BAÏONNETTE.

Un temps et deux mouvements.

159. Le premier et le deuxième mouvement s'exécuteront comme il est prescrit à la garde contre la cavalerie, n° 72. (*Voy.* fig. 18.)

Marche en bataille.

160. Le peloton étant en bataille, formé sur trois rangs et correctement aligné, lorsque l'instructeur voudra l'exercer à cette marche, il placera un chef de peloton, un sous-officier de remplacement à la droite, un sous-officier et un caporal à la gauche du peloton.

161. Le chef de peloton, le sous-officier de

remplacement, le sous-officier et le caporal placés à la gauche observeront exactement tout ce qui a été prescrit pour la marche en bataille, école de peloton, n° 80.

162. Cette disposition étant prise, l'instructeur se portera à vingt-cinq ou trente pas en avant de la file de direction, et commandera :

1. *Peloton en avant.*

2. *Guide à droite (ou à gauche).*

3. *Pas accéléré* = MARCHE.

163. Au commandement de marche, le peloton partira vivement, le chef de peloton et le sous-officier placés à la gauche, observeront si la direction est de leur côté, tout ce qui a été prescrit pour le sous-officier chargé de la direction, dans la marche en bataille, école de peloton.

164. Le sous-officier de remplacement et le caporal veilleront à ce que les hommes du second et du troisième rang se conforment exactement à ce qui est prescrit à l'observation des principes de la marche en bataille, école de peloton.

165. Le peloton étant ainsi en marche, lorsque l'instructeur voudra faire porter les armes pour marcher à la baïonnette, il commandera :

1. *Pour croiser la baïonnette.*

2. *Apprêtez* = (*vos*) ARMES.

166. Ce qui s'exécutera comme il est pres-

crit, n° 144. (*Voy.* fig. 17.) Le peloton marchera ainsi, comme si les hommes avaient les armes portées, ainsi qu'il est indiqué à l'école du soldat.

167. Le peloton étant en marche au port d'armes pour marcher à la baïonnette, lorsque l'instructeur voudra faire croiser la baïonnette, il commandera :

Croisez === (*la*) BAÏONNETTE.

168. A ce commandement, le soldat exécutera ce qui a été prescrit, n° 146. Les hommes du second et du troisième rang auront soin de bien effacer leur épaule droite en plaçant le fusil dans le créneau, afin que leur baïonnette ne touche pas l'homme qui est devant eux.

169. Le peloton marchant la baïonnette croisée, lorsque l'instructeur voudra faire reporter les armes pour marcher à la baïonnette, il commandera :

Redressez === (*vos*) ARMES.

170. Ce qui s'exécutera comme il est indiqué, n° 148. Les hommes des deux derniers rangs porteront leur attention à ne pas toucher leur chef de file en redressant l'arme.

171. Le peloton marchant ainsi les armes portées, pour marcher à la baïonnette, lorsque l'instructeur voudra faire arrêter le peloton et lui faire croiser la baïonnette, il commandera :

1. *Pour résister.*
2. *Peloton* === HALTE.

172. Au commandement de halte, qui sera fait à l'instant où le pied droit pose à terre, les trois rangs s'arrêteront en portant le pied gauche en avant et en prenant la position (fig. 18).

173. Le peloton étant de pied ferme, la baïonnette croisée, lorsque l'instructeur voudra le mettre en marche en conservant les armes dans cette position, il commandera :

1. *Peloton en avant.*
2. *Guide à droite.*
3. *Pas accéléré* = MARCHE.

174. Au commandement de marche, les trois rangs marqueront le pas du pied gauche et partiront après ce mouvement du pied droit, comme si le gauche s'était porté en avant. Le peloton marchera ainsi la baïonnette croisée, le guide aura soin de faire de petits pas, et les hommes jetteront de temps en temps un coup d'œil à droite, afin que les rangs marchent bien alignés.

175. Le peloton étant en marche, la baïonnette croisée, lorsque l'instructeur voudra faire porter le coup lâché en arrêtant le peloton, il commandera :

1. *Coup lâché.*
2. *Peloton* = HALTE.

176. Au commandement de halte, qui sera fait à l'instant où le pied droit pose à terre, les deux premiers rangs exécuteront le coup

lâché; et le peloton s'arrêtera en prenant la position de résister à la baïonnette.

177. Le peloton étant de pied ferme dans la position de résister à la baïonnette, lorsque l'instructeur voudra faire exécuter le coup lâché, il commandera :

1. *Peloton.*

2. *Coup lâché* = ARME.

178. Au commandement d'arme, les deux premiers rangs exécuteront le coup lâché et reprendront aussitôt la position de résister, le troisième rang ne bougera pas de sa position.

179. Le peloton étant en marche, la baïonnette croisée, lorsque l'instructeur voudra faire porter les armes ou arrêter le peloton, dans le premier cas, il commandera : *Portez vos armes?* dans le second cas, il commandera : *Peloton, halte?* Ces deux mouvements s'exécuteront comme à l'école du soldat.

OBSERVATION.

180. Les instructeurs ne pourront trop s'attacher à familiariser le soldat à la marche en bataille, telle qu'elle vient d'être prescrite; ils exerceront aussi le peloton à la marche en bataille en retraite et faisant exécuter par le troisième rang tout ce qui a été indiqué par le premier rang.

On exercera aussi le peloton au pas de charge à la fin de la leçon.

Pendant la deuxième leçon, les sous-officiers placés à la droite et à la gauche du peloton, ne croiseront pas la baïonnette, mais ils observeront avec soin ce qui leur a été prescrit à cette leçon.

TROISIÈME LEÇON.

Dispositions contre la cavalerie.

181. L'instructeur voulant faire exécuter cette leçon, formera le peloton sur deux rangs, le divisera en quatre demi-sections, et désignera un sous-officier pour chaque section, ces sous-officiers seront en même temps chefs et guides.

182. Le peloton étant en bataille de pied ferme, lorsque l'instructeur voudra le faire marcher en colonne, il commandera :

1. *Par demi-section à droite.*

2. MARCHE.

183. Ces divers mouvements s'exécuteront comme il a été prescrit dans la cinquième leçon, école de peloton, n° 161 et suivants.

184. Le peloton étant rompu par demi-sections, la droite en tête, lorsque l'instructeur voudra faire marcher la colonne, il commandera :

1. *Colonne en avant.*

2. *Guide à gauche.*

3. *Pas accéléré =* MARCHE.

185. Au deuxième commandement, les chefs de sections se porteront à la gauche de

leur section. Au commandement de marche, qui sera vivement répété par les chefs de section, la colonne partira par un pas décidé, et l'on observera ce qui a été prescrit à la marche en colonne, école de peloton, 178 et suivants.

186. La colonne étant ainsi en marche par demi-section, la droite en tête, lorsque l'instructeur voudra la former en carré, il arrêtera la colonne et commandera :

1. *Pour former le carré.*

187. A ce commandement, le chef de la première section la préviendra de ne pas bouger, le chef de la deuxième la préviendra qu'elle doit se former à gauche en bataille, le chef de la troisième section lui fera faire par le flanc droit et fera déboiter les deux premières files en avant, et se placera à côté de l'homme du troisième rang de la première file pour la conduire, le chef de la quatrième section l'avertira qu'elle doit marcher en avant.

188. Ces dispositions étant achevées, l'instructeur commandera :

2. *Pas accéléré* = MARCHE.

189. Au commandement de marche, vivement répété par les chefs des sections paires, la première section ne bougera pas, mais la file de droite de cette section fera à droite, et la file de gauche fera à gauche.

190. La deuxième section se formera à

gauche en bataille, son chef l'alignera à
droite.

191. La troisième section conversera par
file à gauche, le chef de cette section la conduira perpendiculairement en avant derrière
l'homme de la première file de la première
section, les autres files viendront successivement converser à la même place que la première, et quand la dernière file aura conversé, le chef arrêtera la section, lui fera
faire front par le second rang et l'alignera à
gauche.

192. La quatrième section serrera pour
fermer le carré, et lorsqu'elle aura serré, son
chef l'arrêtera, lui fera faire demi-tour à
droite, et l'alignera par le second rang, ce
qui étant achevé, les files extérieures feront
l'une à gauche et l'autre à droite.

193. Si l'instructeur voulait faire exécuter
le feu de deux rangs ou s'il voulait faire croiser la baïonnette à l'un ou à l'autre de ces
commandements, les chefs de section entreront dans le carré, et se placeront à deux pas
derrière le centre de leur section respective.

194. Les faces du carré seront désignées
comme il suit : Première section, première
face, troisième section, seconde face, deuxième section, troisième face et quatrième
section, quatrième face.

195. Le peloton étant en marche en colonne par demi-sections, la droite en tête,
lorsque l'instructeur voudra faire former le
carré, sans l'arrêter, il se portera sur le flanc

du côté de la direction, pour s'assurer si les guides ont bien conservé leur distance et s'ils ont bien marché sur les traces des guides qui les précédent, ce qu'il rectifiera promptement, s'il y a lieu, et commandera :

1. *Pour former le carré.*

196. A ce commandement, le chef de la première section la préviendra qu'elle devra s'arrêter au commandement de marche; les autres chefs de section, commanderont :

Deuxième section à gauche en bataille.
Troisième section par le flanc droit et par file à gauche.
[*Quatrième section, en avant.*

197. Ces dispositions étant prises, l'instructeur commandera :

2. MARCHE.

198. A ce commandement, qui sera vivement répété par les chefs de section, le carré se formera, les chefs de section se conformeront à tout ce qui a été prescrit pour la formation du carré précédent.

199. Le peloton étant formé en carré, lorsque l'instructeur voudra le remettre en colonne par demi-section, il commandera :

1. *Formez la colonne.*

200. Le chef de la première face, commandera :

1. *Première section, en avant.*
2. *Guide =* (à) GAUCHE.

201. Le chef de la quatrième face, commandera :

1. *Quatrième section en avant.*
2. *Guide* = (*à*) DROITE.

202. Le chef de la troisième face, commandera :

1. *Deuxième section.*
2. *Par le flanc droit* = (*à*) DROITE.

Et fera déboîter en arrière les deux premières files.

203. Le chef de la seconde face, commandera :

1. *Troisième section.*
2. *Par le flanc droit* = (*à*) DROITE.

Et fera déboîter en arrière les deux premières files, et se placera devant l'homme du
premier rang de la première file pour la conduire.

204. Ce qui étant achevé, l'instructeur
commandera :

2. *Pas accéléré* = MARCHE.

205. Au commandement de marche, la
première section se portera en avant, son
chef l'arrêtera lorsqu'elle aura parcouru une
fois l'étendue du front d'une section, et l'alignera à gauche.

206. La deuxième section conversera par
file à droite, la première file se dirigera per-
bendiculairement en arrière, son chef ne
pougera pas de sa place, il verra filer sa sec-

tion et l'arrêtera à l'instant où la dernière file aura conversé; à cet effet, il commandera :

1. *Deuxième section.*—2. *Halte.*—3. *Front.*

Et se portera à distance de section derrière le guide de la tête, et commandera :

4. *A gauche, alignement.*

207. La troisième section conversera de même par file à droite, elle sera conduite par son chef, qui se dirigera perpendiculairement en arrière de la deuxième section, et lorsqu'il arrivera à deux pas de la ligne de direction des guides, il arrêtera sa section par les commandements qui ont été prescrits plus haut, pour le chef de la deuxième section, il se portera à distance de section derrière le guide de la deuxième section, et commandera :

A gauche=ALIGNEMENT.

208. La quatrième section se portera en avant, son chef l'arrêtera lorsqu'elle aura parcouru l'étendue du front d'une section, lui fera faire demi-tour à droite et l'alignera à gauche.

209. La colonne étant ainsi formée, lorsque l'instructeur voudra l'exercer au pas de course, il fera porter l'arme sur l'épaule droite, et commandera :

1. *Colonne en avant.*
2. *Guide à gauche.*
3. *Pas de course* = MARCHE.

210. Au commandement de marche répété par les chefs de section, les deux rangs partiront ensemble du pied gauche au pas de course dont la longueur est de quatre-vingt-seize centimètres (3 pieds) et sa vitesse de deux cent vingt par minute ; les derniers rangs prendront, en marchant, environ soixante-dix centimètres (26 pouces) de distance entre le premier rang. Les files marcheront à l'aise, mais on aura attention que les rangs ne se confondent pas, que les hommes du premier rang ne dépassent jamais le guide et que les deux derniers rangs ne prennent pas trop de distance.

211. La colonne étant en marche au pas de course, l'instructeur lui fera changer de direction du côté du guide et du côté opposé, ce qui s'exécutera sans commandement et à l'avertissement seulement du chef de la première section ; la deuxième, la troisième et la quatrième section viendront successivement changer de direction à la même place que la première ; chaque rang se conformera, quoiqu'au pas de course, aux principes qui ont été prescrits pour changer de direction à rangs serrés, avec cette différence que, dans les changements de direction sur le côté opposé au guide, l'homme qui est au pivot, au lieu de faire le pas de vingt-deux centimètres (8 pouces), le fera de quarante-neuf centimètres (18 pouces), afin de dégager le point de conversion.

212. La colonne étant en marche, au pas

de course, lorsque l'instructeur voudra lui faire former le carré, il commandera :

1. *Pas accéléré.*

2. MARCHE.

213. Au deuxième commandement, la colonne prendra le pas accéléré en serrant les rangs, et les guides prendront parfaitement distance, en couvrant leur chef de file.

214. La colonne étant de pied ferme, lorsque l'instructeur voudra la faire marcher en avant pour forcer un défilé ou pour s'emparer d'un poste important, il préviendra le chef de la première section de faire porter les armes pour marcher à la baïonnette, après quoi, il commandera :

1. *Colonne en avant.*

2. *Guide à gauche.*

3. *Pas accéléré* = MARCHE.

215. Au deuxième commandement, les chefs de section observeront ce qui leur a été prescrit, n° 185.

216. La colonne étant en marche, lorsque l'instructeur voudra l'arrêter et faire exécuter le coup lâché par la première section, il préviendra son chef de son intention, et commandera :

1. *Colonne.*

2. HALTE.

217. Au premier commandement, le chef de la première section, commandera :

1. *Première section.—Coup lâché.*

218. Au deuxième commandement, qui sera fait à l'instant où le pied droit pose à terre, le chef de la première section, commandera :

Halte.

Et cette section exécutera le coup lâché en prenant la position de résister, en même temps, les chefs des trois dernières sections répéteront vivement le commandement de halte, et la colonne s'arrêtera.

219. La colonne étant de pied ferme, la première section dans la position de résister, lorsque l'instructeur voudra la mettre en marche, la première section conservant la baïonnette croisée, il commandera :

1. *Colonne en avant.*
2. *Guide à droite.*
3. *Pas accéléré (ou pas de charge)* = MARCHE.

220. Au troisième commandement, la colonne se mettra en mouvement en marquant le pas du pied gauche, et partira après ce mouvement, du pied droit ; comme si le gauche s'était porté en avant, la première section observera ce qui a été prescrit, n° 152.

221. La colonne étant en marche, la droite en tête, la première section croisant la baïonnette, lorsque l'instructeur voudra faire arrêter la colonne et la former en carré, il commandera :

1. *Pour former le carré.*
2. *Colonne guide à gauche.*

222. Au premier commandement, le chef de la première section fera porter les armes, la préviendra qu'elle devra s'arrêter au commandement de marche, et les autres chefs se conformeront à ce qui a été prescrit, n° 196.

Ces dispositions étant prises, l'instructeur commandera :

3. MARCHE.

223. A ce commandement, qui sera vivement répété par les chefs de section, le carré se formera, les chefs de section se conformeront à ce qui a été prescrit pour la formation du carré de pied ferme, n° 189 et suivants.

224. Le peloton étant formé en carré, lorsque l'instructeur voudra faire croiser la baïonnette, il commandera :

1. *Pour résister.*
2. *Croisez* = (la) BAÏONNETTE.

225. Au deuxième commandement, les deux rangs croiseront la baïonnette comme il a été indiqué à la garde contre la cavalerie, n°s 72 et 73.

226. La première et la dernière file de la première et de la quatrième face qui ont fait à droite et à gauche; l'homme du troisième

rang de la première et de la seconde file, dans
la première et dans la quatrième face;
l'homme du troisième rang de l'avant-der-
nière file, et l'homme du même rang qui se
trouve à sa droite, dans la première et dans
la quatrième face, ne porteront le pied droit
que de trente-deux centimètres (un pied) en
arrière, en prenant la position de résister;
mais pour leur donner plus de force, ils porteront après avoir croisé la baïonnette, le
pied gauche de seize centimètres (6 pouces)
en avant, et lorsque l'instructeur fera porter
les armes, ces hommes, au premier commandement reporteront le pied gauche de
seize centimètres (6 pouces) en arrière, afin
de ne pas déranger l'alignement des rangs.

227. Cette règle, qui vient d'être prescrite
pour croiser la baïonnette dans la formation
du carré sur trois rangs, est également ap-
plicable et doit être exécutée par les files extérieures et par les hommes du second rang,
dans la formation du carré sur deux rangs.

228. Le peloton étant formé en carré, et
dans la position de résister à la baïonnette,
lorsque l'instructeur voudra faire repousser
la cavalerie, à l'instant où elle tenterait de
pénétrer dans le carré, il commandera :

Coup lâché = ARME.

229. Au commandement d'arme, qui sera
fait à l'instant où la cavalerie arrivée à deux
mètres soixante centimètres (8 pieds), le
premier et le second rang exécuteront le coup

lâché, en le dirigeant sur la tête du cheval, et le soldat reprendra aussitôt la position de la garde contre la cavalerie.

230. Le peloton étant formé en carré, dans la position de croiser la baïonnette, après avoir repoussé les attaques de la cavalerie, lorsque l'instructeur voudra faire diriger tout son feu dans la même direction, il fera porter les armes, préviendra le chef de la première section de faire exécuter le feu de deux rangs dès que le mouvement commencera, après quoi il commandera :

1. *Sur la première section.*
2. *Peloton en ligne.*
3. *Pas accéléré* ═ MARCHE.

231. Au deuxième commandement, le chef de la première section fera commencer le feu. Le chef de la deuxième section commandera : *Peloton à droite.* Le chef de la troisième section commandera : *Peloton à gauche.* Le chef de la quatrième section, lui fera faire demi-tour à droite, et commandera : *En avant en bataille, peloton demi à gauche.*

232. Au commandement de marche, qui sera vivement répété par les chefs des trois dernières sections, la deuxième se formera à droite en bataille, et sera alignée à droite ; la troisième se formera à gauche en bataille, et sera alignée à gauche ; la quatrième conversera à gauche, et lorsque son chef jugera qu'elle aura assez conversé, il commandera : *En avant,*

marche, *guide à droite.* Cette section se portera ainsi en avant en bataille, et son chef observera ce qui a été prescrit pour les chefs de peloton, école de bataillon, n° 647.

233. Les sections étant établies sur la ligne de bataille, elles exécuteront le feu de deux rangs au commandement de leurs chefs.

234. Le peloton étant ainsi en bataille, lorsque l'instructeur voudra le former en carré, il fera cesser le feu et commandera :

1. *Formez le carré.*

235. A ce commandement, le chef de la première section la préviendra de ne pas bouger. Les chefs de la deuxième et de la troisième section préviendront les leurs de se porter en arrière, le chef de la quatrième lui fera faire par le flanc droit, et fera déboîter les deux premières files en arrière, et se placera à côté de la première pour la conduire; ce qui étant achevé, l'instructeur commandera :

2. MARCHE.

236. Au commandement de marche, qui sera vivement répété par le chef de la deuxième et de la troisième section, elles se porteront en arrière, et dès qu'elles auront dépassé le second rang de la première section, leurs chefs les arrêteront; le chef de la deuxième commandera aussitôt : *En arrière à droite alignement.* Le chef de la troisième commandera : *En arrière à gauche alignement.* Le chef

de la quatrième la dirigera par le flanc pour aller fermer le carré.

237. Le peloton étant formé en carré, lorsque l'instructeur voudra le faire rompre et le former en avant en bataille sur la première section ; la droite en tête, il commandera :

1. *Rompez le carré et formez le peloton.*

2. *Par section sur la droite en bataille.*

3. *Peloton guide à droite.*

4. *Pas accéléré =* MARCHE.

238. Au premier commandement, la troisième et la quatrième section feront demi-tour à droite ; le chef de la première section commandera : *Première section en avant, guide à droite =* MARCHE, et l'arrêtera lorsqu'elle aura parcouru l'étendue du front d'une section ; il l'alignera à droite.

239. Au quatrième commandement, les trois dernières sections partiront vivement, la seconde et la troisième se formeront sur la droite en bataille, et la quatrième se portera en avant en bataille.

OBSERVATION.

240. Les instructeurs ne pourront trop s'attacher à exercer le soldat à se former en carré, en marchant au pas accéléré et au pas de course, afin de le rendre agile et propre à supporter les fatigues de la guerre. Ils auro

soin , dans le commencement , de ne faire exécuter ce dernier que pendant deux minutes ; ils pourront l'augmenter successivement jusqu'à dix.

241. Le coup lâché est aussi très important, les instructeurs le feront souvent exécuter de suite par l'homme du premier et du second rang ; dans la formation sur trois rangs , les hommes du troisième n'exécuteront pas ce coup ; mais ils conserveront dans ce mouvement la position de résister.

QUATRIÈME LEÇON.

Résistance des tirailleurs formés en cercle, manière de se rallier par quatre, par huit, par section et par peloton , en formant le carré pour résister à la baïonnette.

242. La résistance des tirailleurs formés n cercle , est le ralliement sur la réserve. e*Instruction des Tirailleurs*, n⁰ˢ 115 et 116.)

243. Sans rien changer à la disposition pour le ralliement sur la réserve (manœuvre dont on pourra par la suite reconnaître quelques imperfections), nous nous proposons d'indiquer ici , après la formation du cercle , des moyens plus efficaces pour repousser à la baïonnette les attaques de la cavalerie.

244. Le peloton étant de pied ferme et formé sur trois rangs , lorsque l'instructeur voudra le déployer pour exécuter cette leçon , il fera avancer le premier et le second rang de quatre pas , et fera porter le troisième rang d'autant en arrière ; il fera numéroter les deux

premiers rangs par huit, de la droite à la
gauche, c'est-à-dire que l'homme du premier rang de la première file comptera *un*;
l'homme du second rang de la même file,
deux; l'homme du premier rang de la deuxième
file, *trois*; l'homme du second rang de la
deuxième file, *quatre*, et ainsi de suite jusqu'à la gauche, et fera marquer les sections.

245. Le lieutenant et le sous-lieutenant seront remplacés par des sous-officiers, et l'instructeur prendra la place du capitaine.

246. Ces dispositions étant faites, l'instructeur fera déployer son peloton en se confor-
mant à la progression indiquée (*Instruction
des Tirailleurs*, nᵒˢ 24, 25, 38 et 46), et fera
ensuite exécuter légèrement ce qui a été prescrit même instruction, nᵒˢ 54 et suivants, jusqu'au nᵒ 99, après quoi il commandera :

Ralliement sur la réserve.

247. Ce qui s'exécutera comme il est prescrit (*Instruction des Tirailleurs*, nᵒˢ 114, 115
et 116).

248. Les tirailleurs étant formés en cercle,
lorsque l'instructeur voudra les faire croiser
la baïonnette, il commandera :

1. *Pour résister.*

2. *Croisez* = (*la*) BAÏONNETTE.

249. A ces commandements, les tirailleurs
exécuteront ce qui a été prescrit nᵒˢ 72 et 73
pour la garde contre la cavalerie.

250. Les tirailleurs étant formés en cercle,

la baïonnette croisée, lorsque l'instructeur voudra faire repousser la cavalerie, il commandera :

Coup lâché $=$ ARME.

251. A ce commandement, le premier et le second rang exécuteront le coup lâché, comme il est prescrit n° 84.

252. Le chef d'une ligne de tirailleurs, prévoyant le cas où elle pourrait être assaillie par la cavalerie avant de pouvoir se rallier à la réserve, lui ordonnera de se disposer pour former le carré, ce qui s'exécutera de la manière suivante :

253. La réserve étant formée sur deux rangs, son chef la divisera en trois subdivisions ; la première et la dernière auront six files au moins, et la subdivision du centre quatre au moins, de manière qu'elle puisse former les faces latérales de chacune deux files, le commandant et les sous-officiers seront compris dans le nombre des files pour former le carré.

254. La réserve étant de pied ferme formée sur deux rangs, et les subdivisions marquées, le commandant la fera rompre à droite, la fera serrer sur la première subdivision à distance d'un mètre trente centimètres (4 pieds), après quoi il la mettra en marche dans cet ordre, en observant ce qui a été prescrit. (*Instruction des Tirailleurs*, n° 31.)

255. Le peloton étant déployé en tirailleurs, les hommes numérotés par huit de la droite

à la gauche, et la réserve étant disposée en colonne, lorsque l'instructeur voudra former des carrés par quatre, il commandera :

1. *Ralliement par quatre.*

2. *Pas de course* === MARCHE.

256. Au commandement de marche, le n° 1 et le n° 5 ne bougeront pas, le n° 2, pour le premier petit carré, ira former la face latérale de droite ; le n° 3, la face latérale de gauche, et le n° 4, la face en arrière. Pour le deuxième petit carré, le n° 6 formera la face latérale de droite ; le n° 7, la face latérale de gauche, et le n° 8, la face en arrière : ces hommes se placeront dos à dos en se touchant coude à coude. (*Voy.* fig. 19.)

257. Le peloton étant déployé en tirailleurs, lorsque l'instructeur voudra former des carrés par huit, il commandera :

1. *Ralliement par huit.*

2. *Pas de course* === MARCHE.

258. Au commandement de *marche*, les n°s 5 ne bougeront pas, les autres, depuis 1 jusqu'à 8, se ploieront sur lui de la manière suivante : Le n° 6 ira se placer à côté du n° 5 pour former la première face ; les n°s 3 et 4, la face latérale de droite, les n°s 7 et 8, la face latérale de gauche, et les n°s 1 et 2 formeront la face en arrière. Dans cette position les huit hommes se trouveront formés en carré de deux hommes par face, et serrés coude à coude. (*Voy.* fig. 20.)

259. Les chefs de section et les guides entreront dans les carrés les plus près de leur place de bataille au moment où le mouvement commencera. Cette règle est pour les carrés de huit ; mais pour les carrés de quatre hommes, les chefs de section et les guides se placeront à côté des hommes et sur la même ligne, toujours dans les carrés les plus près d'eux.

260. Les hommes que les chefs de section auront près d'eux ne doivent jamais être les n°s 1 ni les n°s 5, parce qu'on induirait en erreur ceux qui devraient se réunir sur eux ; mais ils seront compris dans le nombre de huit pour la formation des carrés.

261. S'il arrivait que le nombre des tirailleurs ne fût pas juste de huit ou de quatre (ce qui ne peut arriver qu'à la gauche de la ligne des tirailleurs), et que, par exemple, ils fussent sept ou neuf dans le ralliement par huit, ou trois ou cinq dans le ralliement par quatre, au lieu de former le carré, ce qui ne se pourrait ; ils pourront, dans ce cas, se disposer en cercle.

262. Dès que la ligne des tirailleurs commencera son mouvement, le commandant de la réserve la portera par le chemin le plus court pour aller rejoindre l'instructeur, et quand il sera arrivé près de lui, il l'arrêtera ; alors l'instructeur se placera derrière la subdivision du centre, et commandera :

Formez = (*le*) CARRÉ.

263. A ce commandement, la subdivision du centre se formera à droite et à gauche en bataille, c'est-à-dire, si la subdivision est composée de quatre files, que les deux files de droite se formeront à droite en bataille, et les deux files de gauche, à gauche en bataille, la dernière subdivision serrera pour former le carré et fera demi-tour à droite.

264. Les faces du carré seront désignées comme il suit :

La première subdivision, première face ;

La troisième subdivision, quatrième face ;

La subdivision du centre, les deux files qui se sont mises à droite en bataille, seconde face ;

Les deux files qui se sont formées à gauche en bataille, troisième face.

De cette manière, lorsque l'instructeur voudra faire marcher la réserve en carré, son chef commandera : *Telle face, en avant.*

265. Les tirailleurs étant formés en carré par quatre ou par huit, et supposés menacés sur les quatre faces, lorsque l'instructeur voudra faire exécuter les feux, il commandera :

1. *Feu de pied ferme.*
2. *Commencez le feu.*

266. Pour les carrés par quatre, au premier commandement, le n° 2 et le n° 6 feront un huitième à gauche ; le n° 3 et le n° 7, un huitième à droite ; au deuxième commandement, les nᵒˢ 1, 5, 4 et 8, commenceront le feu ensemble ; les nᵒˢ 2, 3, 6 et 7, ne tire-

ront que quand ils verront les numéros précé-
dents passer les armes à gauche, de manière
que, dans chaque carré, il y ait toujours deux
armes chargées, et que le feu se fasse alternativement sur les quatre faces.

267. Pour les carrés par huit, au premier
commandement, le nº 3 et le nº 7 feront un
huitième à droite; le nº 4 et le nº 8, un huitième à gauche. Au deuxième commandement, l'homme de droite dans chaque face
fera feu, et l'homme de gauche de la même
face ne tirera que quand il verra son voisin
passer l'arme à gauche, de manière que dans
chaque face, il y ait toujours une arme chargée, et que le feu se fasse alternativement et
sur les quatre faces.

268. Lorsque l'instructeur voudra faire
croiser la baïonnette, il commandera :

1. *Pour résister.*

2. *Croisez* ⚊ (*la*) BAÏONNETTE.

269. Au premier commandement, les tirailleurs cesseront le feu, et les hommes qui
ont fait un huitième à droite ou un huitième
à gauche, se remettront face en tête.

270. Au deuxième commandement, les tirailleurs prendront la position de la garde contre la cavalerie, à l'exception qu'au deuxième
mouvement, au lieu de porter le pied droit
en arrière, ils porteront le pied gauche de
quarante-neuf centimètres (18 pouces) en
avant, après quoi ils feront un pas d'étude de
seize centimètres (6 pouces) en arrière pour

être serrés dans leur position. (*Voy*. fig. 21 et 22.)

271. Les tirailleurs étant formés en carré, pourront tirer le coup lâché à volonté toutes les fois que les cavaliers chercheront à les entamer.

272. Les tirailleurs étant formés en carrés de huit ou de quatre, lorsque l'instructeur, pour se mettre en sûreté contre les attaques de la cavalerie, en gagnant certaines positions avantageuses, voudra profiter de quelques moments de répit qu'elle lui laissera, il commandera :

1. *Tirailleurs en retraite.*
2. *Pas accéléré (ou pas de course)*
   ▭ MARCHE.

273. Au premier commandement, si les carrés sont formés par quatre, le n° 4 et le n° 8 ne bougeront pas ; le n° 2 et le n° 6 feront par le flanc droit ; le n° 3 et le n° 7 feront par le flanc gauche ; le n° 1 et le n° 5 feront demi-tour à droite. Si les carrés sont par huit, les n°° 1 et 2 ne bougeront pas, les n°° 3 et 4 feront par le flanc droit ; le n° 7 et le n° 8 feront par le flanc gauche ; le n° 5 et le n° 6 feront demi-tour à droite. Au commandement de *marche*, les tirailleurs partiront vivement, en conservant toujours leur place dans la position en carré.

274. Si l'instructeur voulait donner toute

autre direction à ses carrés, soit de pied ferme ou en marchant, il commandera :

Tirailleurs en avant.

Tirailleurs par le flanc droit (ou par le flanc gauche).

275. A ces commandements, les tirailleurs se conformeront à ce qui a été indiqué pour marcher en retraite, et se tournant du côté de la direction donnée, par des à-droite, des à-gauche et le demi-tour à droite.

276. Les carrés étant en marche, lorsque l'instructeur voudra les arrêter, il commandera :

Tirailleurs ═ HALTE.

277. A ce commandement, les tirailleurs s'arrêteront et reprendront la position en carré sans autre commandement.

278. Les tirailleurs étant formés en carrés, par quatre ou par huit, lorsque l'instructeur voudra les mettre en ligne, il commandera :

1. *Tirailleurs en ligne.*

2. *Pas accéléré (ou pas de course* ═ MARCHE.

279 Pour les carrés par quatre, au commandement de *marche*, le n° 1 et le n° 5 ne bougeront pas, les autres numéros se déploieront sur eux vers la gauche, en prenant les intervalles dans l'ordre numérique. Pour les carrés par nuit, le n° 5 ne bougera pas; les n°s 4, 3,

2 et 1 se déploieront à droite ; les nᵒˢ 6, 7 et 8 se déploieront à gauche les uns et les autres, en prenant les intervalles dans l'ordre numérique qu'ils avaient avant la formation des carrés.

Ralliement par section.

280. Les tirailleurs étant formés en petits carrés par huit, lorsque l'instructeur voudra les rallier par section, il commandera :

Ralliement sur les sections.

281. A ce commandement, les chefs de sections, sans sortir de leurs carrés, commanderont :

1. *Tirailleurs en retraite.*
2. *Pas accéléré* = MARCHE.

282. Au commandement de *marche*, les carrés partiront vivement, celui dans lequel se trouve le chef de section, sera celui de direction ; il se dirigera vers le terrain le plus avantageux, en arrière de la ligne de bataille ; les autres carrés marcheront sur la même ligne que celui de direction, en conservant l'intervalle qui les séparait avant la marche.

283. Lorsque les chefs de section seront arrivés dans une position convenable, ils commanderont :

1. *Ralliement pour former le carré.*

284. A ce commandement, le carré du chef de section s'arrêtera et se formera sur deux rangs, faisant face à l'ennemi, les carrés qui sont à sa droite feront par file à droite,

et ceux qui sont à gauche feront par file à gauche, se formeront sur deux rangs en marchant, et se dirigeront en arrière du chef de section pour prendre place dans la petite colonne à distance d'un mètre trente centimètres (4 pieds), et s'aligneront à gauche. Le dernier petit carré ne prendra pas place en arrière de la colonne, mais il se dirigera par le chemin le plus court sur le flanc de la colonne du côté où il se trouve, et quand il sera arrivé à six pas, deux files se placeront dans la face du chef de section, et les deux autres files dans la dernière subdivision.

285. Cette disposition étant prise, les chefs de section se placeront derrière les huit hommes qui forment la subdivision du centre de la colonne, et commanderont :

2. *Formez le carré* = MARCHE.

286. Au commandement de *marche*, les deux files de droite de la subdivision du centre se formeront à droite en bataille, et les deux files de gauche, à gauche en bataille ; en même temps la dernière subdivision serrera pour former le carré, après quoi elle fera demi-tour à droite.

287. Dans la première et dans la dernière subdivision, les files extérieures feront les unes à gauche et les autres à droite.

288. Les faces du carré seront désignées comme il est indiqué n° 264.

289. Le carré par section étant ainsi formé, lorsque son chef voudra repousser la cavalerie

à la baïonnette, il fera prendre la position pour résister, comme il a été indiqué pour les carrés par quatre et par huit, n° 270.

290. Si au lieu de faire croiser la baïon-nette, les chefs de sections voulaient mettre leurs sections en marche sans rompre le carré, ils se conformeront à ce qui a été prescrit au dernier paragraphe, n° 264.

291. Lorsque l'instructeur voudra faire rompre les carrés que forment les sections, il commandera :

Tirailleurs en ligne.

292. A ce commandement, les chefs de sections commanderont :

1. *Rompre le carré.*

2. *Pas accéléré* = MARCHE.

293. Au deuxième commandement, le carré se rompra, la subdivision du chef de section ne bougera pas, mais elle formera de suite son carré de huit ; les deux dernières subdivisions se dirigeront par le flanc droit, et par le flanc gauche pour aller reprendre leur place sur la même ligne que le chef de section, en se formant aussitôt en carré par huit en marchant, et s'arrêteront, quand ils seront arrivés à la même distance qu'ils avaient avant le ralliement pour former le carré par section. Les deux files qui ont pris place dans la première et dans la dernière subdivision ne se mettront en marche que quand elles se trouveront seules derrière le carré du chef de section.

294. Les sections étant formées en carrés, lorsque l'instructeur voudra les rallier sur la réserve, il commandera :

Ralliement sur la réserve.

295. A ce commandement, les chefs de sections commanderont :

1. *Quatrième face en avant.*
2. *Guide à droite.*
3. *Pas accéléré* = MARCHE.

296. Au commandement de *marche*, le carré partira vivement en se dirigeant de manière à ne jamais masquer la réserve. Les chefs de sections observeront dans cette marche les principes de la marche en bataille à l'égard de la première et de la dernière subdivision, et aux principes de la marche de flanc pour les faces latérales, afin que le carré marche bien serré.

297. Les sections étant ainsi en marche et près d'arriver à la réserve, lorsque l'instructeur voudra faire former un seul carré, il formera la réserve sur deux rangs, après quoi il commandera :

Pour former le carré.

298. Aussitôt les chefs de sections commanderont :

Section en ligne = MARCHE.

299. A ce dernier commandement, qui sera prononcé à l'instant où les sections arriveront à vingt pas de la réserve ; elles se formeront

en ligne sur la quatrième face , la seconde face avancera l'épaule gauche , et la troisième l'épaule droite. Dans la première section , la première face ira se placer à la gauche de la troisième face , et dans la deuxième section , la première face ira prendre place à la droite de la seconde face , l'une et l'autre en prenant le pas de course.

300. Les sections étant ainsi en ligne , la première qui aura rejoint la réserve , prendra de suite rang dans la colonne à demi-distance de section , sans distinction de l'ordre numérique.

301. Le chef de la première section ayant suffisamment dépassé la réserve ou la section qui serait arrivée avant lui , fera faire à sa section par le flanc droit et se placera à côté de la première file pour là conduire parallèlement à la réserve ; cette file étant près d'arriver à hauteur du guide de la section de direction , il arrêtera sa section et lui fera faire front , et lorsque son guide sera bien établi sur la direction , il commandera :

A gauche = Alignement.

302. Le chef de la deuxième section étant arrivé à hauteur du point où sa section doit prendre rang dans la colonne , lui fera faire par le flanc gauche , et la conduira jusqu'à ce qu'elle soit arrivée à hauteur du guide de gauche de la section de direction ; il s'arrêtera alors de sa personne , verra filer sa section , et l'arrêtera au moment où la dernière

file l'aura dépassé. A cet effet, il commandera :

1. *Deuxième section*= *Halte.*
2. *Front.*
3. *A gauche*= *Alignement.*

3o3. Le chef de la section qui aura pris place le premier derrière la réserve, divisera de suite sa section en deux subdivisions; après l'avoir alignée, il préviendra celle de droite qu'elle devra se former à droite en bataille, et celle de gauche, à gauche en bataille, au commandement de l'instructeur.

3o4. La compagnie étant ainsi disposée en colonne, lorsque l'instructeur voudra former le carré, il se portera derrière la section du centre, et commandera :

1. *Formez le carré.*
2. *Pas accéléré* = MARCHE.

3o5. Au commandement de *marche*, la réserve ne bougera pas; la section du centre se formera à droite et à gauche en bataille, la dernière section serrera pour former le carré, et fera ensuite demi-tour à droite. Dans la première et dans la dernière section les files extérieures feront à droite et à gauche.

3o6. Les sections et la réserve étant formées en carré isolément, lorsque l'instructeur voudra les rallier sur le bataillon, il commandera :

1. *Ralliement sur le bataillon.*
2. *Pas de course* = MARCHE.

307. Au commandement de *marche*, les sections partiront vivement au pas de course cadencé, et se dirigeront de manière à ne pas masquer le bataillon; la première section passera à droite du bataillon, et la deuxième section passera à gauche, et la réserve se dirigera par le chemin le plus court.

OBSERVATION.

308. Les carrés par quatre et par huit s'exécuteront en commençant de pied ferme; mais quand les tirailleurs le formeront avec régularité, on le leur fera exécuter en marchant au pas accéléré et ensuite au pas de course, en observant qu'il est possible pour les carrés par quatre de les former en quatre secondes, et ceux par huit en neuf secondes, les hommes marchant avec des intervalles de dix pas entre les files.

309. L'instructeur portera son attention à ce que, dans les petits carrés, les hommes des faces latérales fassent bien leur huitième à droite et leur huitième à gauche pour exécutant les feux. Il aura aussi soin de prévenir les chefs de sections de former leur carré oblique, afin de ne pas se nuire dans les feux si les sections se trouvaient sur le même terrain et sur la même ligne.

310. Dans le ralliement par section on se formera toujours en carré, comme il a été prescrit n° 283 et suiv., excepté dans le cas où le nombre des petits carrés ne serait pas

dé quatre pour une section , dans ce dernier
cas on se disposera en cercle.

311. Si les sections sont composées de cinq
petits carrés ; la colonne prendra distance de
quatre pas , et deux petits carrés formeront
la subdivision du centre pour former chacune
d'elle une face latérale.

312. Si les sections, au lieu d'être de cinq
petits carrés, l'étaient de six, on se dispo-
serait en trois subdivisions de deux petits
carrés pour chacune d'elles ; on prendrait
même distance de quatre pas , et la subdivision du centre formerait les faces latérales.

313. L'instructeur ne perdra pas de vue
que le pas de course peut être exécuté avec
autant de régularité que le pas accéléré, en
conséquence il le fera répéter souvent dans
tous les mouvements qui ont été prescrits
pour cette leçon , car bien souvent le succès d'une bataille dépend en grande partie
de la célérité d'une ligne de tirailleurs.

SUPPLÉMENT.

Application du maniement de la baïonnette à l'école de bataillon. Règle pour combattre contre un fantassin ou contre un cavalier.

Application du maniement de la baïonnette à l'école de bataillon.

1. On suppose qu'un bataillon soit de pied ferme dans l'ordre en bataille, et que ce bataillon doive s'emparer d'un poste important ou veuille s'ouvrir un chemin à la baïonnette; pour l'exécution de cette manœuvre, son chef commandera :

1. *Pour former le carré.*

2. *Colonne double à distance de peloton.*

3. *Bataillon, à gauche et à droite.*

4. *Pas accéléré* = MARCHE.

2. Ce mouvement s'exécutera comme il est prescrit à l'école de bataillon, n° 744.

3. Le bataillon étant ployé en colonne double, la division de la queue serrée à distance de masse, lorsque le chef de bataillon voudra la faire marcher sur l'ennemi, il pré-

viendra le chef de la division de la droite de faire porter les armes pour marcher à la baïonnette (*Voy.* nos 130, 131 et fig. 17), après quoi, il commandera :

1. *Colonne en avant.*
2. *Guide à droite.*
3. *Pas accéléré (ou pas de charge)*
   = MARCHE.

4. Au premier commandement, le chef de la première division qui se trouve à deux pas devant le centre de sa division, se portera à deux pas derrière le drapeau, qui aura reculé, à ce premier commandement, sur l'alignement des serre-files, la garde du drapeau ne reculera pas, elle portera les armes comme le soldat, le chef de peloton, le moins ancien de la division, se placera au troisième rang, et son sous-officier de remplacement se portera au premier rang.

5. Au commandement de *marche*, la colonne partira vivement, l'adjudant-major maintiendra le guide de droite en se tenant derrière la première file de la première division, l'adjudant observera le guide de gauche de la même division, en se tenant derrière la file de gauche, et le chef de la première division surveillera scrupuleusement l'ensemble des principes de la marche en bataille.

6. Le bataillon, marchant ainsi en colonne, lorsque son chef voudra faire

nette à la première division, il commandera :

1. *Première division.*
2. *Croisez* = (*la*) BAÏONNETTE.

7. Au deuxième commandement, qui sera prononcé à l'instant où la première division sera à dix pas de l'ennemi, elle croisera la baïonnette en faisant de petits pas, mais en observant la cadence indiquée et en jetant un coup-d'œil du côté de la direction, afin de marcher bien alignée.

8. La colonne étant en marche, la première division, la baïonnette croisée, lorsque le chef de bataillon voudra faire arrêter la colonne, la première division conservant la baïonnette croisée, il commandera :

1. *Pour résister.*
2. *Colonne* = HALTE.

9. Au premier commandement, le chef de la première division la préviendra de ne pas porter les armes et de rester dans la position de croiser la baïonnette. Au commandement de halte, qui sera prononcé à l'instant où le pied droit pose à terre, la colonne s'arrêtera et la première division prendra la position de résister, comme il a été indiqué à la fig. 17.

10. La colonne étant en marche, la première division, la baïonnette croisée, lorsque le chef de bataillon voudra arrêter la colonne

et faire exécuter le coup lâché à la première
division, il commandera :

> 1. *Première division, coup lâché.*
> 2. *Colonne =* HALTE.

11. Au premier commandement, le chef
de la première division la préviendra qu'elle
doit porter le coup lâché en s'arrêtant.

Au commandement de halte, qui sera prononcé à l'instant où le pied droit pose à terre,
l'homme du premier rang et celui du second
de la première division exécuteront le coup
lâché et prendront la position de résister,
après ce mouvement, et la colonne en même
temps s'arrêtera.

12. La colonne étant de pied ferme, la
première division dans la position de résister
lorsque le chef de bataillon voudra la porter
en avant, la première division conservant la
baïonnette croisée, il commandera :

> 1. *Colonne en avant.*
> 2. *Guide à droite.*
> 3. *Pas de charge =* MARCHE.

13. Au commandement de marche, la colonne se mettra en mouvement, en marquant
le pas du pied gauche, et partant après ce
mouvement du pied droit comme si le gauche s'était porté en avant, la colonne se portera en avant, la première division ayant la
baïonnette croisée.

14. La colonne ayant à repousser une

charge de cavalerie, le chef de bataillon la formera en carré, fera exécuter le feu de deux rangs, et si le feu n'arrête pas la cavalerie, il commandera :

1. *Pour résister.*

2. *Croisez* = (*la*) BAÏONNETTE.

15. Au deuxième commandement, les trois rangs croiseront la baïonnette, comme il est indiqué à la fig. 18, et les hommes des angles observeront ce qui a été prescrit, n° 226.

16. Le bataillon étant ainsi formé en carré et la baïonnette croisée, lorsque son chef voudra faire repousser la cavalerie, il commandera :

1. *Bataillon.*

2. *Coup lâché* = ARME.

17. Au commandement d'arme, qui sera fait à l'instant où la cavalerie sera arrivée à deux mètres soixante centimètres (8 pieds) le premier et le second rang exécuteront le coup lâché en le dirigeant sur la tête du cheval, et reprendront aussitôt la position de résister.

OBSERVATION.

18. Ce simple exposé prouve évidemment que cette méthode peut donner aux colonnes et aux carrés une attitude redoutable, propre à jeter l'épouvante parmi les adversaires les plus audacieux. En effet, le maniement de la baïonnette a donné à l'homme une grande

confiance, et par cela il a dirigé son feu avec plus de sang-froid. De plus, la position de résister est très formidable, elle lui donne le maximum de sa force et de sa vitesse. D'ailleurs, quelles que soient la vigueur et la rapidité d'une charge de cavalerie, le coup lâché l'arrêtera toujours, et c'est avec certitude que j'annonce ce résultat.

Enfin nous espérons que l'expérience démontrera l'utilité des exercices et manœuvres que nous venons d'indiquer ici.

19. Dans le but d'exercer le soldat, on pourra aussi faire porter les armes pour marcher à la baïonnette dans la marche en bataille, école de bataillon ; pendant cette marche, on fera croiser la baïonnette et reporter les armes, en observant les commandements et les principes indiqués à la marche en bataille, nᵒˢ 158 et suivants.

Enfin le chef de bataillon pourra faire exécuter tout ce qui a été prescrit dans ce supplément, en observant toutefois que les hommes ne resteront dans la position de baïonnette croisée, en marchant, que le temps de dix ou douze pas au plus.

Règles pour combattre contre un fantassin et contre un cavalier.

Nous venons de présenter, dans une série d'exercices gradués, l'emploi diversifié du maniement de la baïonnette pour agir de concert dans l'ordre des exercices et manœuvres de l'infanterie. Il nous reste à démontrer les moyens de combattre isolément contre un fantassin et contre un cavalier.

Cependant notre intention n'est pas de donner une théorie complète de l'escrime à la baïonnette, pour laquelle il serait nécessaire d'offrir à l'armée deux gros volumes, car il nous est possible de faire cinquante observations sur un simple engagement de baïonnette en tierce ou en quarte, et chaque observation aurait pour but la manière de frapper son adversaire en se mettant à l'abri de ses coups.

Un ouvrage détaillé de cette nature ne peut entrer dans notre plan. Nous l'avons réservé pour un traité d'escrime à l'épée, au sabre et à la baïonnette que nous publierons incessamment. Nous ne décrirons ici que des principes généraux pour les circonstances où le fantassin aura à combattre corps à corps.

Art. 1er. En toutes circonstances, le soldat qui se trouve sur le champ de bataille ne doit se présenter au combat qu'avec l'arme chargée; mais ce sera pour ne la décharger qu'après avoir épuisé les moyens qui lui seront fournis par la baïonnette, se réservant le coup de feu pour dernière ressource. Cela exige beaucoup de sang-froid et de jugement; mais au moyen de ces deux qualités et des principes que nous allons exposer, il pourra lutter avec avantage contre plusieurs ennemis.

Art. 2. Pour lutter avec avantage contre un fantassin, il faut toujours prendre la

10*

garde contre l'infanterie, et se tenir à dix
pieds de son adversaire (la distance que l'on
peut toucher, est de huit pieds, sans bouger
les pieds de leur place, et à neuf pieds en dirigeant le gauche dans la direction du coup.)

. Art. 3. Si l'adversaire voulait s'approcher
de trop près, il faut porter le coup lâché ou
reculer en observant les mouvements.

Art. 4. Il faut toujours calculer les attaques, les parades, et il ne faut jamais marcher
en faisant des feintes sans être prêt à repousser les coups de son adversaire.

Art. 5. Si l'adversaire tend son fusil sur
les mouvements, il faut faire précéder une
feinte aux coups que l'on veut lui porter pour
avoir la facilité de le frapper avec opposition
d'arme (ce mouvement s'appelle prendre un
temps certain).

. Art. 6. Quand on est incertain d'un coup
que l'adversaire pourrait porter, il faut toujours parer sur ses mouvements des contres
en les variant, et riposter du tac au tac (on
appelle riposte du tac, l'action de frapper
l'arme de l'adversaire par un mouvement
ferme et vif, pour la détourner sans la suivre
et touchant immédiatement son adversaire).

. Art. 7. On ne doit jamais parer sans riposter, car la riposte est une des parties les
plus importantes de notre méthode; parce
que celui qui la donne, lors même qu'il ne
toucherait pas, a l'avantage d'empêcher son
adversaire d'agir et même de le forcer à se tenir sur la défensive.

ART. 8. Si l'adversaire reste immobile dans une position défensive, il faut le forcer à des parades, au moyen des feintes, et tâcher de le toucher du côté opposé à celui où il pare, en observant de bien décider les coups et avec confiance.

ART. 9. Si l'adversaire parvenait par une forte pression en tierce ou en quarte à déranger l'arme, il faut dans cette circonstance suivre le mouvement de l'adversaire en parant de prime à droite ou de prime à gauche, et porter la riposte de prime, c'est-à-dire, si l'adversaire fait une pression en tierce, il faut parer de prime à gauche, et si la pression est en quarte, il faut parer de prime à droite; dans l'un et l'autre cas, il faut riposter le coup de prime et reprendre aussitôt la position de la parade de prime.

ART. 10. Quand on peut s'apercevoir du caractère d'un adversaire sans patience, bouillant et emporté, il faut lui faire des attaques bien prononcées; si l'on voit qu'il est prêt à se défendre, il faut reculer. Cette ruse devient un excellent moyen d'épuiser les forces d'un adversaire de ce caractère.

ART. 11. Si l'on était attaqué par deux fantassins et qu'ils marchassent sur vous sans intervalle entre eux, il faut les attendre de front dans une position défensive, et dès qu'ils seront à portée, il faut frapper le coup lâché en se dirigeant par une double passe à droite, si le coup a été porté sur l'homme de gauche, et par une double passe à gauche, si le coup a été dirigé sur l'homme de droite. Nul doute si le coup est bien ajusté, on n'aura plus qu'un ennemi à combattre qui sera obligé d'exécuter une conversion pour se retrouver en ligne et assez près. Supposons même que le coup ait été détourné par le premier, mais le mouvement de la double passe vous a mis sur le flanc droit et vous a donné le temps de redoubler vos coups sur ce premier ennemi, tandis que le second ne peut agir qu'après son mouvement de conversion.

ART. 12. Si les deux adversaires marchent sur vous avec un intervalle entre eux, dans le but de vous attaquer sur les flancs et de vous placer entre eux, il faut de suite se diriger diagonalement sur l'homme de droite ou sur celui de gauche en l'attaquant vigoureusement et le forçant de tourner le dos à son second pour faire face de votre côté. Si ce mouvement est exécuté avec sang-froid et promptitude, on peut être sûr de repousser les attaques de ces deux ennemis et de rester maître du champ de bataille.

ART. 13. Si les deux adversaires marchent sur vous, en même temps, l'un devant et l'autre derrière, dans ce cas, il faut courir à la rencontre de l'un et l'attaquer avec vigueur pour le tourner comme il a été indiqué ci-dessus.

ART. 14. Si l'on était entouré par plusieurs ennemis, il faut prendre la position de la parade de prime à droite ou de prime à gauche en faisant les volte-faces et portant des coups de baïonnette à chaque temps d'arrêt.

Règles pour combattre le cavalier.

Aʀᴛ. 15. La force d'un cavalier consiste dans son adresse individuelle et son audace ; et non pas dans l'usage de ses armes, car le sabre et la lance ne sont plus redoutables aux yeux de l'homme exercé à la baïonnette, et le tir du pistolet et de la carabine sont trop incertains dans les mains du cavalier pour en craindre les effets.

D'ailleurs, un cavalier bien rusé ne s'approchera jamais d'un fantassin qui aura son fusil chargé ; il voltigera à une centaine de pas, il tirera, de cette distance, des coups de pistolet ou de carabine dans le but de forcer le fantassin à décharger son arme. Mais, dans cette circonstance, le fantassin doit mettre le cavalier en joue dans le même instant qu'il tire, faire le simulacre de prendre la cartouche, de mettre de la poudre dans le bassinet pour faire croire au cavalier qu'il est dépourvu de son feu.

Aʀᴛ. 16. Si le cavalier se dirige directement sur le fantassin, il doit, dans ce cas, tirer le coup lâché sur la bouche du cheval et faire une double passe à droite, en parant quarte, si le cavalier est armé d'un sabre ; mais si au contraire, il est armé d'une lance, il doit faire une double passe à gauche en parant le contre de tierce, et riposter le coup de prime si le cavalier est près, et le coup lâché dans le cas contraire.

Art. 17. Un cavalier prudent, même saurait-il que le fantassin est dépourvu de sa cartouche, il ne se jettera jamais d'emblée sur lui, mais il le chargera vigoureusement, et dès qu'il sera arrivé à dix pas de distance, il obliquera à gauche, ensuite à droite pour le maintenir à sa droite, en tournant autour de lui (cette position est la plus critique pour un fantassin, parce que le mouvement du cheval l'éblouit et l'étourdit). Dans cette circonstance, le fantassin doit se tenir à neuf pieds du cavalier, en faisant des doubles passes à droite, parant tierce, quarte, le contre de tierce, le contre de quarte alternativement et frappant le coup lâché toutes les fois que le cavalier est à découvert.

Art. 18. Si le fantassin se trouve fatigué par suite du mouvement en cercle, il doit pivoter sur le talon gauche sans parer, mais en observant les attaques du cavalier.

Art. 19. Si le fantassin voulait sortir du cercle] dans lequel le cavalier l'a placé, il doit se diriger, par le chemin le plus court, derrière le cavalier et frapper le coup lâché sur les flancs de l'homme ou du cheval.

Art. 20. Si le fantassin n'a pas touché le cavalier, et que ce dernier se dirige à droite par un grand circuit pour tenir de nouveau le fantassin à sa droite, on doit, dans ce cas, se diriger par le chemin le plus court devant le cavalier, et frapper la tête du cheval.

ART. 21. Si le cavalier, au lieu de tourner par un grand circuit, faisait un demi-tour à droite pour sabrer le fantassin de ce côté : on doit, dans ce cas, l'aborder brusquement par derrière à gauche, dans l'instant où l'on voit qu'il ralentit le mouvement de son cheval pour exécuter son demi-tour, en même temps, on doit frapper le coup lâché sur le flanc gauche du cavalier.

ART. 22. Si le fantassin avait affaire à un cuirassier, au lieu de se porter en arrière à gauche, il doit se porter en arrière à droite et frapper le coup lâché sur l'aine droite du cavalier ou sur le flanc du cheval.

ART. 23. Si le cavalier qui fait le demi-tour est armé d'une lance, le fantassin peut se servir de deux moyens : le premier consiste à se porter en arrière à gauche comme il a été indiqué plus haut, le deuxième consiste à l'attendre de pied ferme en lui laissant la droite, ayant soin de frapper la tête du cheval, dès qu'il sera arrivé à distance ou de faire des parades du contre de tierce et du contre de quarte alternativement, et si l'on rencontre la lance en parant, il faut serrer le cavalier du plus près possible et lui porter le coup de tierce ou celui de prime avec opposition d'arme. On peut également esquiver les coups au moyen des passes, des doubles passes, en les exécutant pour s'éloigner de son adversaire et redressant l'arme près du corps.

ART. 24. Si l'on était attaqué par deux ca-

valiers chargeant de front sans intervalle
entre eux, on doit les attendre de pied ferme
et dès qu'ils seront arrivés à distance, on
doit tirer le coup lâché sur la tête du cheval en se dirigeant à gauche si le coup a été
porté sur la tête de l'animal du cavalier de
droite, et à droite, si le coup est dirigé sur
le cheval de gauche.

Art. 25. Si les deux cavaliers chargeaient
le fantassin avec un grand intervalle pour le
tenir entre eux, on doit, dans cette circonstance, courir sur celui qui se trouve le plus
près et frapper le coup lâché en l'abordant et
en se dirigeant de manière à empêcher le
second cavalier de prendre part au combat,
c'est-à-dire que l'on doit tourner le premier
de manière à ce qu'il barre le chemin à
l'autre.

Art. 26. Si les cavaliers parvenaient à
cerner le fantassin, on doit exécuter les volte-
faces en parant tierce et quarte alternativement et en les dirigeant sur le nez du cheval
et portant le coup lâché toutes les fois que
l'on voit un vide.

Avec du sang-froid et cette tactique, un
fantassin pourra mettre hors de combat deux
cavaliers et même trois; c'est avec confiance
que j'annonce ce résultat.

FIN.

TABLE
DES MATIÈRES.

SUPPLÉMENT.

FIN DE LA TABLE.

11

12

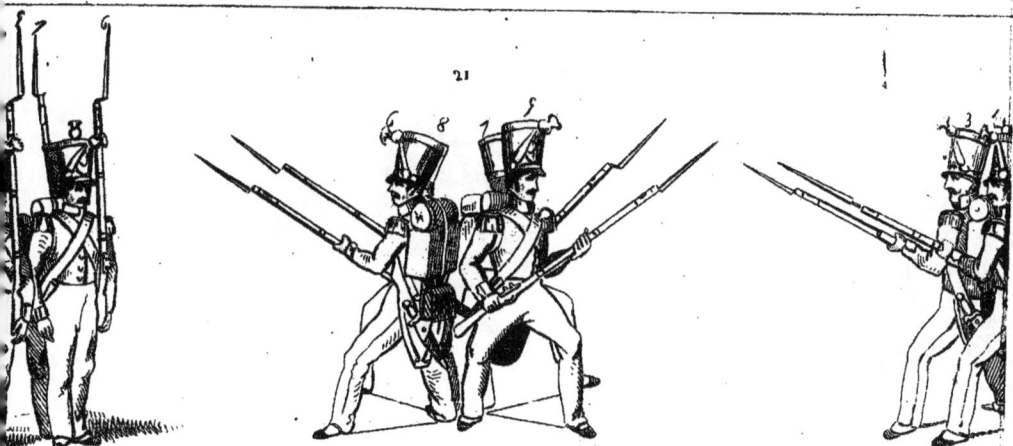

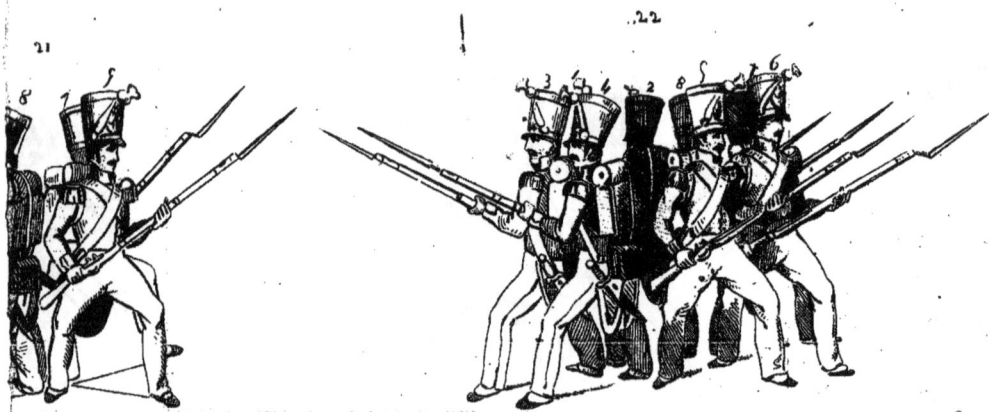

www.ingramcontent.com/pod-product-compliance
Lightning Source LLC
Chambersburg PA
CBHW062041200326
41519CB00017B/5090